高等教育公共基础类"十四五"系列规

U0464041

# 大学数学 实验·高等数学分册

## ——基于Python语言的实现

肖思和　潘　斌　许必才　主　编

潘　浪　孟佳克　鲁红英　副主编

四川大学出版社
SICHUAN UNIVERSITY PRESS

**图书在版编目（CIP）数据**

大学数学实验．高等数学分册：基于 Python 语言的
实现 / 肖思和，潘斌，许必才主编．-- 成都：四川大
学出版社，2024. 7. -- ISBN 978-7-5690-7086-6

Ⅰ．O13-33

中国国家版本馆 CIP 数据核字第 2024J3B843 号

---

书　　名：大学数学实验·高等数学分册 —— 基于 Python 语言的实现
　　　　　Daxue Shuxue Shiyan·Gaodeng Shuxue Fence —— Jiyu Python
　　　　　Yuyan de Shixian
主　　编：肖思和　潘　斌　许必才
丛 书 名：高等教育公共基础类"十四五"系列规划教材

------------------------------------------------------------

丛书策划：李志勇　王　睿
选题策划：王　睿　王　冰
责任编辑：王　睿
责任校对：周维彬
装帧设计：墨创文化
责任印制：王　炜

------------------------------------------------------------

出版发行：四川大学出版社有限责任公司
　　　　　地址：成都市一环路南一段 24 号（610065）
　　　　　电话：（028）85408311（发行部）、85400276（总编室）
　　　　　电子邮箱：scupress@vip.163.com
　　　　　网址：https://press.scu.edu.cn
印前制作：四川胜翔数码印务设计有限公司
印刷装订：四川省平轩印务有限公司

------------------------------------------------------------

成品尺寸：185 mm×260 mm
印　　张：17.5
字　　数：427 千字

------------------------------------------------------------

版　　次：2024 年 8 月 第 1 版
印　　次：2024 年 8 月 第 1 次印刷
定　　价：58.00 元

------------------------------------------------------------

本社图书如有印装质量问题，请联系发行部调换

扫码获取数字资源

四川大学出版社
微信公众号

# 前　　言

"高等数学"是所有理工类专业学生的必修课程，在大学教育中具有重要的地位. 它不仅可以培养学生的数学思维和逻辑推理能力，还能培养他们的创新思维和实际操作能力，为未来的学术研究或职业生涯打下坚实的基础. 当今信息技术迅猛发展，数学理论与计算机思维的融合已经成为数学教育的重要组成部分. 本书遵循将数学理论与计算机思维相结合的教学思路，考虑普通专业理工科学生的学习基础，将 Python 编程融入高等数学教学，使学生加深对高等数学理论的理解，体会通过计算机思维解决经典数学问题的乐趣，锻炼学生解决实际问题的能力.

本书由肖思和、潘斌、许必才担任主编，潘浪、孟佳克、鲁红英担任副主编. 全书共 8 章，第 1 章至第 3 章介绍了 Python 与环境搭建、Python 基础知识、数学计算与可视化库；第 4 章至第 8 章展示如何使用 Python 解决极限、微分、积分、微分方程、级数等经典问题. 教师在教学中，可以根据实际情况略过部分章节.

本书有以下三个特点：

一是注重数学方面的实用性. 作为一门基础科学，数学在知识的推理和抽象方面具有独特的优势，但又因其高度的抽象性和严密的逻辑性让初学者望而生畏. 本书精选了微积分、极限、级数等方面的经典例题，摒弃烦琐的理论证明和推导，通过对计算方法和计算技巧的训练，培养学生的探究欲望和学习兴趣，提升他们的数学思维和抽象能力.

二是强调用计算机思维解决问题. 计算机思维是一种解决问题的思维方式，它注重分解问题、抽象建模、算法设计和编程实现. 本书运用计算机思维来引导和启发学生，让他们通过编程构建解题模型，并进行可视化展示，从而更好地理解数学概念和方法. 通过编程实践，学生将掌握计算机科学的基本概念和思维方式，培养创造性思维和解决问题的能力.

三是以 Python 为载体进行数学教学. 以 Python 为工具，可以降低编程学习难度，让学生更加关注解决问题的方法而不是程序设计过程. 学生将学会使用 Python 库进行数值计算、符号计算、数据可视化等方面的实践，提高数学建模和计算机编程的能力.

本书将数学的理论、计算机思维和 Python 编程有机地融合在一起,为学生提供了一条通往数学和计算机科学深度融合的路径. 它不仅是一本教材,更是一本引导学生培养创新思维、解决实际问题的指南. 希望本系列教材能成为大学教育的助推器,激发学生对数学和计算机科学的热爱,开拓他们的思维方式,培养他们的创造能力,为他们的后续专业学习打下坚实的基础.

编　者

**2024 年 8 月**

# 目　　录

第 1 章　Python 与环境搭建 ……………………………………………………（1）

　　1.1　Python 概述 ……………………………………………………（1）

　　1.2　Python 环境搭建 ………………………………………………（3）

　　1.3　PyCharm 开发工具 ……………………………………………（11）

第 2 章　Python 基础知识 ………………………………………………………（21）

　　2.1　基本语法 …………………………………………………………（21）

　　2.2　数据类型 …………………………………………………………（27）

　　2.3　运算符与表达式 …………………………………………………（49）

　　2.4　流程控制语句 ……………………………………………………（52）

　　2.5　函数 ………………………………………………………………（56）

　　2.6　文件操作 …………………………………………………………（63）

　　2.7　模块和包 …………………………………………………………（72）

第 3 章　数学计算与可视化库 …………………………………………………（78）

　　3.1　NumPy 数值计算库 ……………………………………………（78）

　　3.2　SymPy 符号计算库 ……………………………………………（93）

　　3.3　Matplotlib 可视化库 ……………………………………………（116）

第 4 章　极　限 …………………………………………………………………（144）

　　4.1　函数的性质与图像 ………………………………………………（144）

　　4.2　函数的极限 ………………………………………………………（154）

　　4.3　综合案例 …………………………………………………………（161）

第 5 章　微　分 …………………………………………………………………（166）

　　5.1　一元函数的微分 …………………………………………………（166）

　　5.2　多元函数的微分 …………………………………………………（178）

　　5.3　综合案例 …………………………………………………………（187）

第 6 章　积　分 …………………………………………………………………（191）

　　6.1　一元函数的积分 …………………………………………………（191）

　　6.2　多元函数的积分 …………………………………………………（203）

　　6.3　综合案例 …………………………………………………………（228）

**第 7 章　微分方程** ············································································· （232）

　　7.1　一阶微分方程 ········································································ （232）

　　7.2　高阶微分方程 ········································································ （238）

　　7.3　综合案例 ·············································································· （243）

**第 8 章　级　数** ··············································································· （254）

　　8.1　数项级数 ·············································································· （254）

　　8.2　函数项级数 ··········································································· （260）

　　8.3　综合案例 ·············································································· （270）

**参考文献** ························································································ （273）

# 第 1 章　Python 与环境搭建

Python 是一种计算机编程语言，是由荷兰数学和计算机科学研究学会的吉多·范罗苏姆（Guido van Rossum）于 1990 年初设计的. Python 的版本在 30 多年的发展中经历了几个重要的阶段，从最初的 Python 1.0 到目前的 Python 3.x 版本. 由于 Python 2.x 和 Python 3.x 在语法上有一些不兼容的地方，因此 Python 2.x 已于 2020 年 1 月 1 日终止支持. 目前推荐使用的是 Python 3.x 版本. Python 可以让计算机编程爱好者专注于解决问题而不是注重编程语言的底层细节，因此倍受初学者和计算机编程爱好者的喜爱. 本章将简单地介绍一下 Python，让读者了解编程环境搭建和开发工具的使用，如果你有这方面的基础，可以跳过本章的学习.

## 1.1　Python 概述

### 1.1.1　计算机编程语言

想让计算机帮忙完成任务，必须给它下命令，计算机语言就是人与计算机之间交流的语言. 我们知道主流计算机体系是以二进制为基础的，二进制指令就是计算机能直接理解并执行的语言形式，这就是第一代计算机编程语言，又称为机器语言. 很明显，通过"0，1"直接和计算机沟通很不方便，程序员们就引入了很多助记符来替代复杂的二进制序列，大大简化了编程过程，这就是第二代计算机编程语言——汇编语言. 但是用汇编语言编程需要直接和硬件打交道，如一个简单的数据赋值，就需要指定到哪里读取、存放到哪里，这对非计算机专业的人员来说很不友好. 于是人们开始寻求与自然语言相接近且能为计算机所接受的计算机语言方式，我们只需要告诉计算机做什么，而不关心硬件上如何执行. 这种计算机语言称为高级语言，早期的代表有 BASIC、PASCAL、FORTRAN、COBOL 等，中期代表有 C、C++、Java 等，当前代表有 Python、Rust、Go 等.

高级语言书写的程序在执行时，需要通过"翻译程序"翻译成机器语言形式，计算机才能识别和执行. 这种"翻译"通常有编译方式和解释方式. 编译方式是：由事先编好的编译程序把源程序整个地翻译成用机器语言表示的目标程序，然后计算机再执行该目标程序，完成运算并取得结果. 解释方式是：源程序执行时，解释程序做逐句输入逐句翻译，计算机一句句执行，并不产生目标程序.

### 1.1.2 Python 的特点

Python 秉承"优雅、明确、简单"的设计理念，具有以下特点.

（1）简单、易学. Python 是一种代表简单主义思想的语言，其风格清晰，使用空格缩进划分代码块；Python 有极其简单的说明文档，对于编程来说容易上手，相比于 C++或 Java，它能够让你专注于问题的解决方法，而不是语言本身.

（2）免费、开源. Python 是一门开源的编程语言，可以免费使用，甚至可以用于商业用途. Python 是 FLOSS（自由/开放源码软件）之一，使用者可以自由地发布这个软件的拷贝、阅读它的源代码、对它做改动、把它的一部分用于新的自由软件. FLOSS 基于共享知识社区，Python 也被改进得越来越好.

（3）可移植性. Python 是跨平台的编程语言，它可以运行在 Windows、Linux、Mac 以及 Google 基于 Linux 开发的 Android 平台等，也就是说，在 Windows 系统下编写的 Python 程序，在 Mac 或 Linux 系统下也是可以运行的.

（4）可扩展性与可嵌入性. 如果用户需要让一段关键代码运行得更快或者希望某些算法不公开，那么可以把部分程序用 C 或 C++编写，然后在 Python 程序中使用它们. 同时也可以把 Python 代码嵌入 C/C++程序，从而向程序设计者提供脚本功能.

（5）解释性. Python 编写的程序不需要编译成二进制代码，计算机可以直接从源代码运行程序. 在计算机内部，Python 解释器把源代码转换成字节码的中间形式，然后再把字节码翻译成计算机使用的机器语言并运行. 所有的这些操作使 Python 更加易于使用，用户不必担心如何编译程序，这也让 Python 程序更加容易移植.

（6）面向对象. Python 语言既支持面向过程的编程也支持面向对象的编程. 在面向过程的语言中，程序围绕着过程或者函数构建. 在面向对象的语言中，程序围绕结合数据和方法的对象构建. 在 Python 中，函数、模块、数字、字符串都是对象，并且完全支持继承、重载、派生、多继承，有益于增强源代码的复用性. 与其他主要的语言（如 C++和 Java）相比，Python 以一种非常强大又简单的方式实现面向对象的编程.

（7）多种编程范式. 与 Scheme、Ruby、Perl 等动态类型编程语言一样，Python 拥有动态类型系统和垃圾回收功能，能够自动管理内存使用，并且支持多种编程范式，包括面向对象、命令式、函数式和过程式编程.

（8）类库丰富. Python 本身拥有一个十分丰富的标准库，包括正则表达式、文档生成、单元测试、线程、数据库、网页浏览器、CGI、FTP、电子邮件、XML、XML−RPC、HTML、WAV 文件、加密、GUI（图形用户界面）以及其他系统相关的内容. 同时，Python 有非常强大的第三方库，例如用于数据库（Oracle、MySQL、SQLite）的连接库、数据科学计算库（Numpy、Scipy、Pandas）、文本处理库（NLTK）、机器学习库（Scikit−Learn、Theano）、图形视频分析处理和挖掘库（PIL、Opencv），以及开源计算框架（Tensor Flow）等.

Python 的发展
历程

### 1.1.3　Python 语言应用领域

Python 是当今最流行的编程语言之一，主要应用于 Web 开发、多媒体应用、网络爬虫、游戏开发、自动化运维、数据科学等领域.

（1）Web 开发. Python 是 Web 开发的主流语言，与 JS、PHP 等广泛使用的语言相比，Python 提供了丰富的模块支持 sockets 编程. 多线程编程，能方便快速地开发网络服务程序. 此外，Python 支持最新的 XML 技术，支持 json 语言、数据库编程，而且 Python 的 ORM 框架使得操作数据库非常方便，因此 Python 在 Web 开发中占有一席之地. Python 还有优秀的 Django、Tornado、Flask 等 Web 开发框架，还有众多的开源插件的支持，足以适应各种不同的 Web 开发需求.

（2）多媒体应用. Python 是一种非常灵活的编程语言，它拥有大量的库和模块，这些库和模块可以用于各种不同的任务. 如 PIL、ReportLab 等库，可以用于处理图像、声音、视频、动画等，并动态生成统计分析图表. PyOpenGL 是 Python 绑定库，封装了 OpenGL 应用程序编程接口，提供了二维图像和三维图像的处理功能.

（3）网络爬虫. Python 网络爬虫是一种自动获取网页内容的程序，它可以遍历互联网上的网页，提取所需信息，并将其存储下来. Python 因拥有良好的网络支持，具备相对完善的数据分析与数据处理库，又兼具灵活简洁的特点，因此被广泛应用于爬虫领域.

（4）游戏开发. 很多游戏开发者先利用 Python 编写游戏的逻辑代码，再使用C++开发那些需要高效率图形渲染和处理的游戏模块. Pygame 是一个专门为游戏开发设计的 Python 模块，它提供了创建游戏所需的基本功能，利用这个模块可以制作简单的 2D 游戏.

（5）自动化运维. Python 在自动化运维领域非常流行，因为它具有简洁的语法、丰富的库和框架，以及强大的社区支持. 自动化运维是指使用自动化工具和脚本减少手动操作的需求，提高效率和准确性，减少人为错误. 同时，Python 的灵活性也允许开发者根据特定需求定制自动化脚本和工具. Python 对操作系统服务的内置接口，使其成为编写可移植的维护操作系统的管理工具和部件的理想工具. Python 程序可以搜索文件和目录树，可以运行其他程序，可以使用进程和线程并行处理.

（6）数据科学. Python 在数据科学领域扮演着核心角色，其丰富的库和框架为数据分析、数据可视化、数据挖掘、自然语言处理、机器学习和深度学习等任务提供了强大的支持. Python 提供了支持多维数组运算与矩阵运算的模块 Numpy、支持高级科学计算的模块 scipy、支持 2D 绘图功能的模块 matplotlib，它们被广泛用于编写科学计算程序.

Python 是谁创建的呢?

## 1.2　Python 环境搭建

Python 环境搭建简单地说就是安装运行 Python 程序的工具，通常也称之为 Python 解释器. Python 解释器是一个读取并执行 Python 代码的程序.

Python 有 Python 2. x 和 Python 3. x 两个版本，在安装 Python 时需要慎重选择版本. 这是因为两个版本之间没有兼容性，也就是说，会发生用 Python 3. x 写的代码不能被 Python 2. x 执行的情况. 鉴于 Python 2. x 版本已经停止维护了，因此在本书中推荐使用 Python 3. x 版本.

## 1.2.1  Windows 平台安装 Python

首先打开 Python 官网：https://www.python.org/downloads/windows/，打开页面后的下载列表如图 1－1 所示.

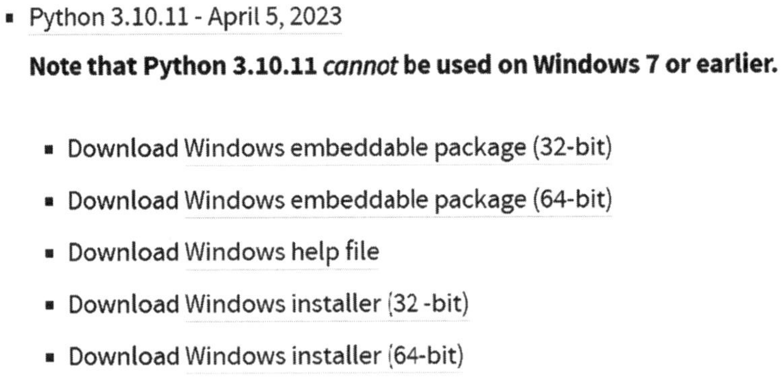

- Python 3.10.11 - April 5, 2023

  **Note that Python 3.10.11 *cannot* be used on Windows 7 or earlier.**

  - Download Windows embeddable package (32-bit)
  - Download Windows embeddable package (64-bit)
  - Download Windows help file
  - Download Windows installer (32 -bit)
  - Download Windows installer (64-bit)

图 1－1

在图 1－1 中，Windows embeddable package（32-bit）、Windows embeddable package（64-bit）表示计算机操作系统为 32 位和 64 位的安装压缩包文件（.zip），下载后无需安装，但需要文件压缩软件解压后添加环境配置；Windows help file 表示帮助文档；Windows installer（32-bit）、Windows installer（64-bit）表示选择计算机操作系统是 32 位和 64 位的可执行文件（.exe）.

（1）首先下载 Windows installer（64-bit）可执行文件.

（2）双击运行刚才下载的安装程序（.exe 文件），在执行安装向导时，记得勾选"Add python.exe to PATH"选项，这个选项会将 Python 的解释器添加到 PATH 环境变量中.

下面以 Windows 操作系统（64 位）安装 Python 3.10 版本为例讲述安装过程，安装步骤如图 1－2～图 1－5 所示.

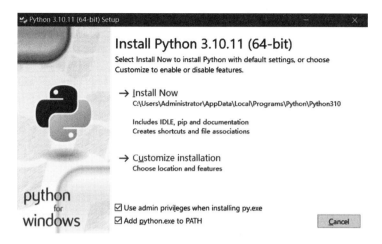

图 1-2

图 1-3

图 1-4

图 1-5

如图 1-6 所示，现在可以从 Windows 开始菜单 Python 3.10 程序组中执行 Python 3.10（64-bit），从而打开 Python 解释器环境；或者进入 Windows 命令行窗口，输入 Python 命令启动交互式解释器，如图 1-7 所示.

图 1-6

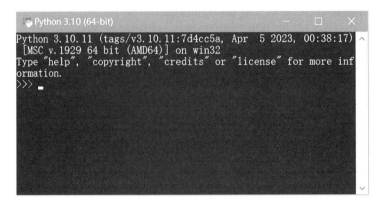

图 1-7

### 1.2.2　Python 代码运行

作为一种解释性语言，用户可以和 Python 以对话的方式进行编程．如当用户询问"1+2 等于几?"的时候，Python 交互式解释器会回答"3"．按上一小节方法，打开 Python 交互式解释器，我们实际输入一下看看，代码运行显示结果如图 1−8 所示．

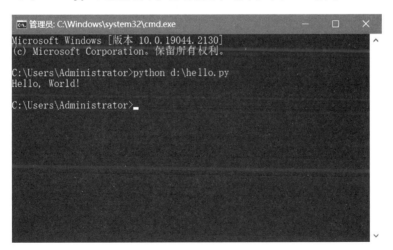

图 1−8

当然，和其他编程语言类似，我们也可以把代码写在源文件中（后缀名为 .py），然后在 Windows 命令行下执行它．执行时采用以下命令形式：[Python 带路径源文件名]．

按照惯例，我们编写的第一个程序叫作"Hello，World!"．首先打开记事本，再添加内容：print（"Hello，World!"），创建一个名为"hello.py"的文本文件．最后把文件拷贝到 D 盘根目录（其他目录也可以），打开 Windows 命令行（运行−> CMD），执行"python d：\ hello.py"，运行源代码文件显示结果如图 1−9 所示．

图 1−9

这里的 print()是一个函数，关于函数的内容我们将在第 2 章介绍．

Python 自身还提供了一个简洁的集成开发环境，具备基本的 IDLE 功能．利用 IDLE 可以较为方便地创建、运行、测试和调试 Python 程序．Windows 环境下启动 IDLE 有多种方式，可以通过快捷菜单、桌面图标、Python 安装目录直接运行 IDLE 等方式启动 IDLE．IDLE 本身就是一个 Python shell，可以在 IDLE 窗口直接输入和执行 Python 语句，IDLE 自动对输入的语句进行排版和关键词高亮显示．

（1）IDLE 交互执行．启动 IDLE 后，输入 print（'hello world'）语句和计算2+2值的界面如图 1-10 所示．

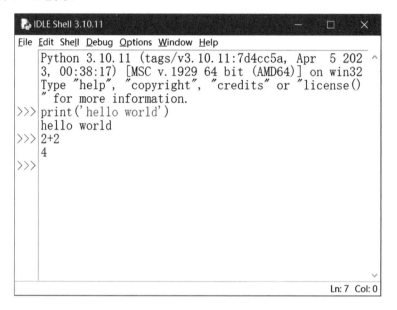

图 1-10

（2）源文件编辑调试．IDLE 还可以保存、打开并执行代码文件．在 IDLE 窗口，选择 "File" "New File" 命令，在编辑窗口输入代码并保存，如图 1-11 所示．

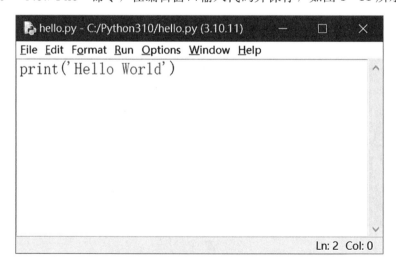

图 1-11

然后，选择"Run""Run Module"命令，执行代码文件，执行后的输出结果如图 1－12 所示.

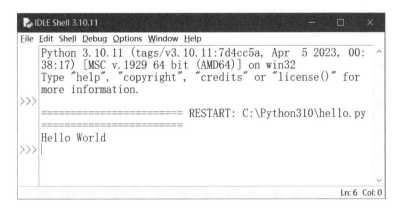

图 1－12

### 1.2.3　第三方库安装方法与国内镜像源

pip 是 Python 的软件包管理工具，它可以安装和管理第三方软件包. Python 第三方库有 pip 命令行在线安装、下载后 pip 离线安装以及使用 PyCharm 安装三种安装方法，这里主要介绍前两种方法，第三种方法在 §1.3.3 中进行介绍.

1. pip 命令行在线安装

打开 Windows 命令窗口，通过命令"pip install 包名"进行第三方库安装，此方法简单快捷. 下面介绍安装 numpy 库和 pandas 库的具体操作.

（1）安装 numpy 库时，则需要输入"pip install numpy"，显示结果如图 1－13 所示.

图 1－13

（2）安装 pandas 库时，则需要输入"pip install pandas"，显示结果如图 1－14 所示.

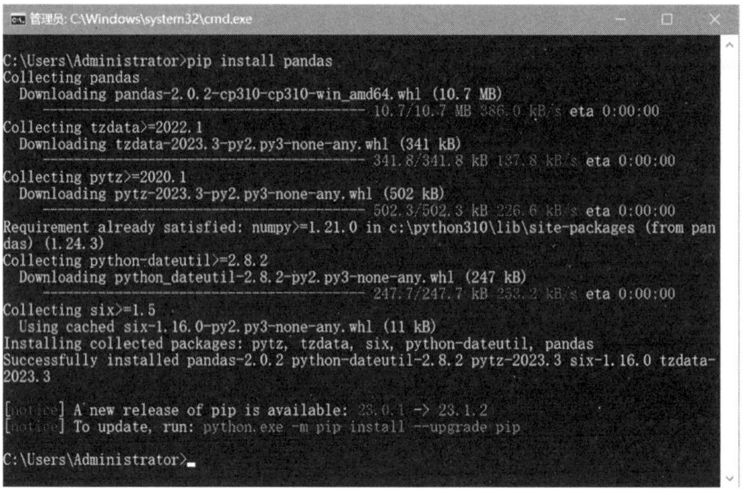

图 1—14

注意：安装成功会显示"Successfully installed numpy"，如果出现黄色字体警告，则表示安装库版本不是最新的，可随后对 pip 包进行更新，更新命令：python-m pip install-upgrade pip.

2. pip 命令离线安装

第三方库下载网址为 http://www.lfd.uci.edu/~gohlke/pythonlibs/.

以 Matplotlib 为例：3.5.2 是库版本号；cp39、cp310 分别对应 Python3.9、Python3.10；win32、win_amd64 对应操作系统是 32 位、64 位，下载时应该根据自己计算机的配置选择相应文件，第三方库列表如图 1—15 所示.

**Matplotlib**: a 2D plotting library.
Requires numpy, dateutil, pytz, pyparsing, kiwisolver, cycler, setu
ghostscript, miktex, ffmpeg, mencoder, avconv, or imagemagick.

matplotlib-3.5.2-pp38-pypy38_pp73-win_amd64.whl

matplotlib-3.5.2-cp311-cp311-win_amd64.whl

matplotlib-3.5.2-cp311-cp311-win32.whl

matplotlib-3.5.2-cp310-cp310-win_amd64.whl

matplotlib-3.5.2-cp310-cp310-win32.whl

matplotlib-3.5.2-cp39-cp39-win_amd64.whl

matplotlib-3.5.2-cp39-cp39-win32.whl

matplotlib-3.5.2-cp38-cp38-win_amd64.whl

matplotlib-3.5.2-cp38-cp38-win32.whl

图 1—15

将下载好的安装库（包）存放于 Python 库（包）文件夹，如库（包）文件位置为 C：\ Python310.

使用 cmd 命令进行安装：pip install 下载文件名（较长），pip 离线安装显示结果如

图 1−16 所示.

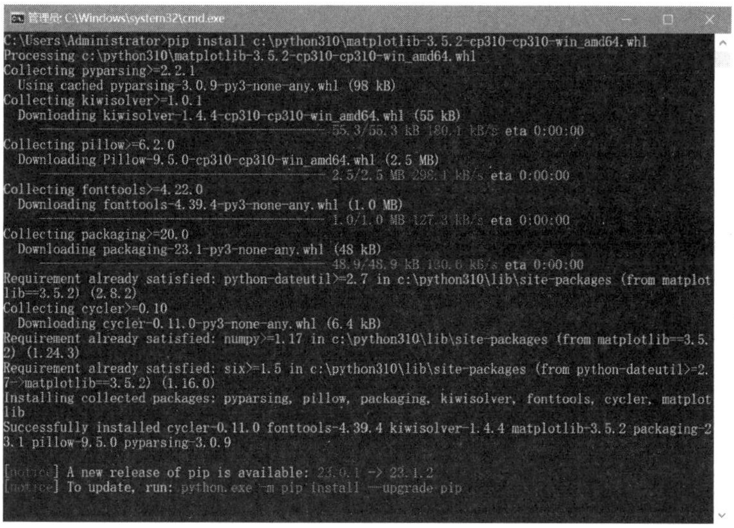

**图 1−16**

3. 指定国内镜像安装源

在线安装时，系统默认使用的是国外资源，下载速度较慢，我们可以设置通过国内的镜像源下载. 国内镜像源主要有：

（1）阿里云，http：//mirrors. aliyun. com/pypi/simple/.

（2）中国科技大学，https：//pypi. mirrors. ustc. edu. cn/simple/.

（3）豆瓣，http：//pypi. douban. com/simple/.

（4）清华大学，https：//pypi. tuna. tsinghua. edu. cn/simple/.

（5）中国科学技术大学，http：//pypi. mirrors. ustc. edu. cn/simple/.

以设置清华大学的镜像源为例：

如临时使用，则可以通过如下命令安装.

pip install i https：//pypi. tuna. tsinghua. edu. cn/simple xxxxxxx.

如永久设置，则可以通过以下途径实现.

pip config set global. index-url https：//pypi. tuna. tsinghua. edu. cn/simple.

# 1.3 PyCharm 开发工具

将多个开发工具集成在一个应用程序中，方便开发人员在一个界面中进行代码的编辑、编译、调试等操作，这个应用程序就是集成开发环境（IDE）. Python 没有提供一个官方的集成开发环境，需要用户自主选择开发工具. Python 集成开发环境很多，常见的有 IDLE、PyCharm、Spyder 和 Visual Studio Code 等. 下面重点介绍 PyCharm.

PyCharm 是由 Jet Brains 打造的一款 Python IDE，不仅兼容性好，而且功能也相当齐全，开发效率高，如具有调试、语法高亮、项目管理、代码跳转、智能提示、自动完成、单元测试、版本控制等功能，它还支持 Web 开发框架（Django 开发），同时支持 Google App Engine 和 Iron Python.

## 1.3.1 PyCharm 下载与安装

（1）打开官网：https://www.jetbrains.com/pycharm/download，官网界面如图 1-17 所示。

图 1-17

这里需要注意版本的区别，专业版（Professional）是收费的，社区版（Community）是免费的，不同版本的特点如下：

①Professional 版本特点：提供 Python IDE 的所有功能，支持 Web 开发；支持 Django、Flask、Google App 引擎、Pyramid 和 Web2py；支持 JavaScript、CoffeeScript、TypeScript、CSS 和 Cython 等；支持远程开发、Python 分析器、数据库和 SQL 语句。

②Community 版本特点：轻量级的 Python IDE，只支持 Python 开发；免费、开源、集成 Apache2 的许可证；智能编辑器、调试器、支持重构和错误检查，集成 VCS 版本控制。

（2）选择相应操作系统，点击 Download 下载，默认是最新版本，选择 Other version 下载其他版本。

（3）下载完成后可以直接进行安装。

（4）在安装时会出现一个安装设置（图 1-18），此时选择"Do not import settings"即可。

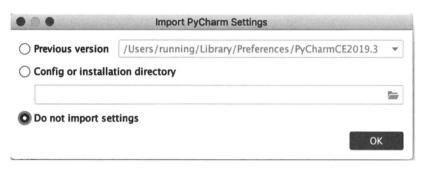

图 1-18

（5）在弹出的新建项目页面中选择"New Project"，如图 1-19 所示.

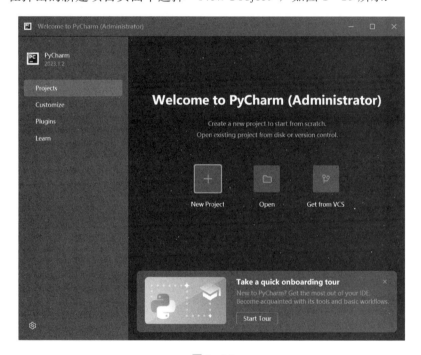

图 1-19

（6）设置项目名称及路径如图 1-20 所示，指明保存的路径和项目的名字以及选择对应的 Python 解释器，最后点击"Create".

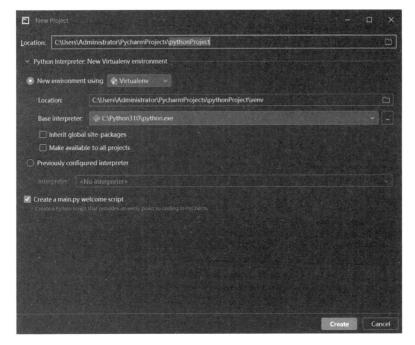

图 1-20

（7）图 1-21 所示为项目的完整页面，此时在项目名字上点击右键，选择"New"→ "Python File".

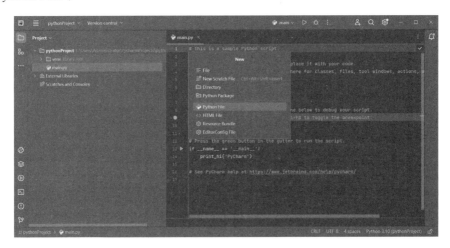

图 1-21

（8）在弹出框中，输入要创建的 Python 文件名，点击"ok"，这样文件就创建好了，如图 1-22 所示.

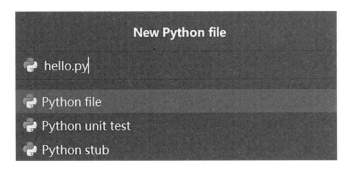

图 1−22

## 1.3.2　PyCharm 编写程序

"Hello，World！"程序是计算机编程中非常传统的入门示例，它展示了最基本的程序结构和输出机制．程序代码：print（'Hello，World！'），其中：print（）方法用于打印输出，是 Python 最常见的一个函数．使用时就是将要打印的内容放到 print 的括号里面．运行时点击右键打开菜单，选择 Run "hello" 就可以看到结果了．Python 程序示例如图 1−23 所示．

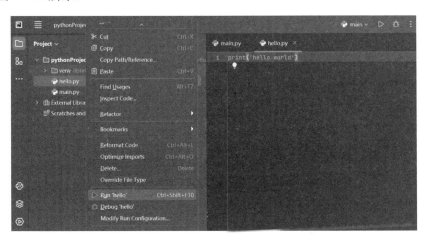

图 1−23

现在我们可以思考这段 Python 代码悄悄地做了哪些事情呢？其实这就是计算机与人之间的交流．

＊我们通过 print 向计算机发出指令：打印 "hello world"；

＊ Python 把这行代码编译成计算机能听懂的机器语言；

＊计算机听懂了这机器语言，就做出相应的执行；

＊于是打印结果 "hello world" 就呈现在我们面前啦．

## 1.3.3　PyCharm 常用技巧

（1）设置代码字体．

设置方法：点击左上角的"File"（文件），选择"Settings"（设置），输入"font"（字体）找到"Font"，在"Size"（大小）里面设置数字，默认值是"12"，建议修改为"18"或者"20"，如图 1-24 所示.

图 1-24

（2）设置菜单界面文字大小.

设置方法：点击左上角的"File"，选择"Settings"，输入"font"，找到"Appearance"，在"Use custom font"前面打钩，就可以在"Size"里面选择你喜欢的字体大小了，字体大小设置如图 1-25 所示.

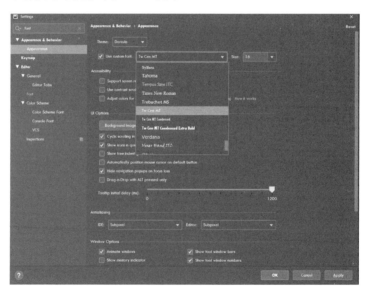

图 1-25

（3）代码格式化和遵循编码规范.

代码格式化和遵循编码规范是提高代码可读性、可维护性的重要因素. 程序员在刚开始写代码的时候难免会出现代码写得不规范等问题，使用代码格式化和遵循编码规范可以提高代码的可读性和可维护性，使自己和他人更容易理解和使用代码. 代码格式化和遵循编码规范能有效提高团队协作的效率和代码质量.

解决方法：在写完代码后，找到菜单栏的"Code"，点击"Reformat Code"就能自动地将代码进行规范化处理，如图 1−26 所示.

**图** 1−26

（4）代码模板，效率编码.

在新建一个文件时，PyCharm 可以按照预设的模板生成一段内容，如解释器路径、编码方法、作者详细信息等，如图 1−27 所示.

设置方法：点击左上角的"File"，选择"Settings"，输入"editor"，找到"file and code templates"，选择"python script"，输入以下内容即可.

```
--coding＝utf--8--    （＃号后有空格,避免出现波浪线）
@time:${DATE} ${TIME}
@author:张红
@file:${NAME}.py
@software:${PRODUCT_NAME}
```

图 1－27

（5）安装配置 pippy 国内镜像源.

点击右上角"File"→点击"Settings"→找到 Project 下面的"Python interpreter"→点击"＋"→点击"Manage Repositories"→点击"＋"→输入清华大学开源软件镜像站地址：https://pypi.tuna.tsinghua.edu.cn/simple. 安装配置 pippy 国内镜像源如图 1－28 所示.

图 1－28

（6）安装第三方库.

点击左上角“File”→点击“Settings”→找到 Project 下面的“Python interpreter”→点击“+”→输入想安装的包的名字（如“requests”），然后点击下面的“Install Package”即开始安装，安装完成就可以使用了．安装第三方库如图 1—29 所示.

Settings
Project: PycharmProjects › Project Interpreter
Appearance & Behavior
Keymap
Editor
Plugins
Version Control
Project: PycharmProjects
Project Interpreter
Project Structure
Build, Execution, Deployment
Languages & Frameworks
Tools
Package
Version
Latest version
OK
Cancel

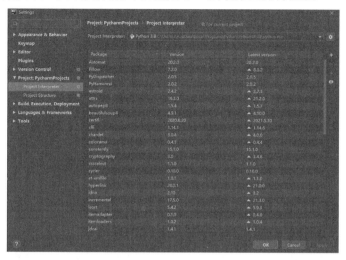

图 1—29

（7）快速多行注释或者取消多行注释.

如果有多行代码需要注释，那么一行一行来敲“#”是非常麻烦的，这时可以用鼠标选中多行代码，然后按“Ctrl+/”就能进行多行代码的注释了，同时也可以取消多行代码的注释，如图 1—30 所示.

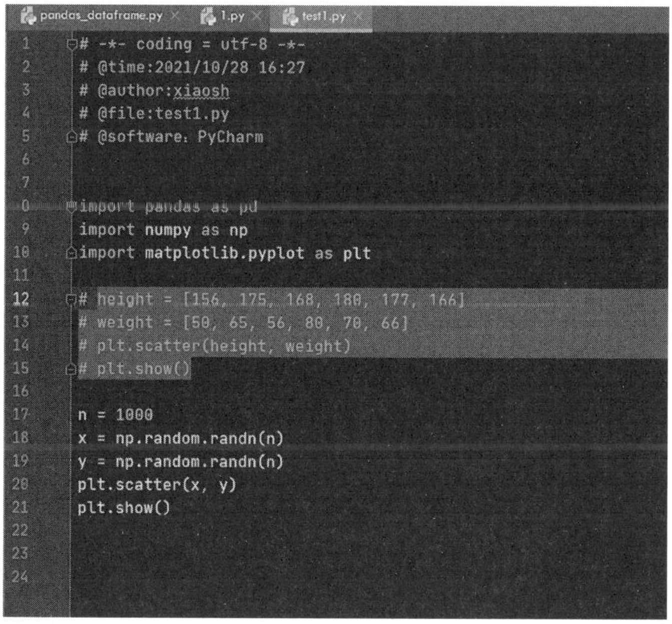

pandas_dataframe.py
1.py
test1.py
# -*- coding = utf-8 -*-
# @time:2021/10/28 16:27
# @author:xiaosh
# @file:test1.py
# @software: PyCharm
import pandas as pd
import numpy as np
import matplotlib.pyplot as plt
# height = [156, 175, 168, 180, 177, 166]
# weight = [50, 65, 56, 80, 70, 66]
# plt.scatter(height, weight)
# plt.show()
n = 1000
x = np.random.randn(n)
y = np.random.randn(n)
plt.scatter(x, y)
plt.show()

图 1—30

（8）设置个性背景.

点击"File"→选择"Settings"→在"Appearance & Behavior"选项下点击"Appearance"→点击"Background Image"→点击右上角"…"，即可以选择背景图片，确定之后再选择喜欢的展现方式，最后设置一下背景图片的亮度，建议亮度高的背景采用 10％的透明度为宜. 设置个性背景如图 1—31 所示.

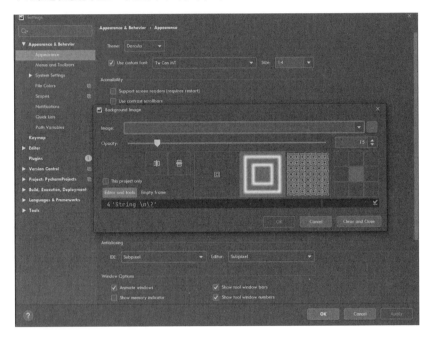

图 1—31

# 第 2 章　Python 基础知识

在学习 Python 语言编程之前，编程人员需要了解并掌握 Python 基础语法体系、编程规范以及固定语法要求，这样可以逐步提高自己的 Python 编程能力，并形成简洁、高效、可维护的代码风格.

## 2.1　基本语法

Python 的几个
冷知识

### 2.1.1　空格和缩进

Python 对代码格式要求非常严格，其中使用缩进来定义代码块是其最显著的特点之一，这样可以使代码看起来更加简洁明朗.

Python 代码缩进的空格数量是可变的，同一个代码块的语句必须保证包含相同的缩进空格数量，这个必须严格执行，否则将会出错. 在实际应用中，往往会出现不应该使用空格或 Tab 缩进的地方使用了空格或 Tab；不同级别的代码没有缩进；代码内全部使用 4 个空格，而某些代码缩进量不是 4 个空格；缩进太多（本应 4 个空格或 1 个 Tab，缩进成 8 个空格或 2 个 Tab）或太少（本应 8 个空格或 2 个 Tab，缩进成 4 个空格或 1 个 Tab）；Tab 和空格的混用等问题. 这些都需要在编程中加以注意.

如：

```
if True :
    print ("True")          # 此处缩进为四个空格
else :
    print ("False")         # 此处缩进为四个空格
```

又如：

```
if True :
    print ("Answer")
    print ("True")
else :
    print ("Answer")
  print ("False")           # 没有严格缩进,在执行时会报错
```

注意，符号"#"右侧的文本是注释，用于对程序代码进行说明，实际是不会执行的.

## 2.1.2 变量和常量

变量和常量是编程语言中的重要组成部分，常量用于存储不可变的数据，而变量用于存储可变的数据.

在 Python 中，变量用于储存数据的一个符号或名称，变量只是对某个对象的引用或者是代号、名字、调用等，声明一个变量不需要指定它的类型，并使用"="操作符将一个值赋给它，变量类型是根据分配的值进行推断的，可以通过 type() 函数检查变量的数据类型.

在计算机编程中，变量常常是一个指向内存地址的名称，该内存地址存储着数据. 对于 Python 而言，变量保存的是对象（值）的引用，也就是这个变量的内存地址. 我们可以通过函数 id() 来查看创建内存变量和变量重新赋值时内存空间的变化过程.

**例 1** 下面的代码定义了一个变量 x，将它的值设置为 10，同时检测变量 x 类型.

```
>>>x=10
>>>print(type(x))
```

这里">>>"提示符表示解释器处于交互模式，可以直接输入代码，回车后得到结果. 上面的代码将变量 x 的值设置为 10，变量 x 的类型是整型. 这意味着在程序的任何地方，我们可以使用变量 x 来访问它的值.

除了整数，我们还可以将其他类型的值赋给变量，例如字符串、浮点数、列表等. 如：

```
>>>String_name="Alice"
>>>pi=3.14
>>>my_list=[1, 2, 3]
```

**例 2** 下面的两个 i 并不是同一个对象（也可以看出 Python 是动态语言特性）.

```
>>>i=1#创建数字对象1
>>>print(id(i))
1448339376
>>>i=2 # 创建数字对象2,并将2赋值给变量i,i不再指向数字对象1
>>>print(id(i))
1448339392
```

常量通常用于存储程序中的固定值或常用值. 在 Python 中，没有语法强制定义常量，也就是说定义常量本质上就是变量. 如果非要定义常量，变量名必须全部大写，如：PI=3.14.

命名变量时遵循命名约定很重要．变量命名也要满足标识符命名规则，不能和内置关键字、非关键字特殊标识符（如内置函数）重名，避免发生一些不必要的错误．变量命名规则如下：

（1）变量名是字母、数字和下划线的组合．变量名第一个字符必须是字母或下划线，不能以数字开头．例如，1abc 是错误的变量名．

（2）变量名与 Python 关键字不能同名．例如，if、else、while 等不能作为变量名．

（3）变量名中字母应区分大小写．例如，myname 和 myName 是不相同的．

（4）变量名由多个单词组成，可以使用下划线来分隔单词．例如，my_variable.

## 2.1.3　输入与输出

程序执行免不了要与用户交互．比如，你想要输入一些信息给计算机，然后打印其中的一些结果，此时我们可以通过内置函数 input() 和 print() 来实现交互式的输入/输出．输入/输出另一个常用的方式就是处理文件，创建、读取、写入文件的操作对于编写程序来说都很重要，关于文件操作将在后面章节进行详细讲解．

1. I/O 函数

（1）在 Python 中，input() 函数用于从键盘等待用户输入，以回车键结束，用户输入的任何内容，Python 都认为是字符串，其语法格式如下：

$$\text{input ("提示信息")}$$

函数中"提示信息"一般表述为向用户显示的提示或说明性文字，让用户知道该如何做．

（2）在 Python 中，print() 函数用于将指定内容输出到控制台，可以打印文本、变量和表式等，其语法格式如下：

```
print(*objects, sep='', end='\ n', file=sys. stdout, flush=False)
```

其中，各参数的具体含义如下：

①objects 表示一次可以输出多个对象．输出多个对象时，需要用逗号（,）分隔．

②sep 表示间隔符号，用来间隔多个对象，属于默认参数，可以用其他符号（如 *）代替．

③end 表示用来设定以什么结尾，属于默认参数，默认符号是换行符 \ n，可以用其他代替．

④可选参数 file、flush 暂时省略．

例 3　通过人机交互方式，获取用户信息（姓名）、年龄和收入等内容．

```
>>>print("Hello, Computer!")    #输出：Hello, Computer!
>>>name=input("Please Enter your Name: ")    #从键盘获取姓名
```

```
>>>print("Hello, " + name)      #输出：Hello, John (假设用户输入了 John)
>>>age =int(input("How old are you?"))
>>>wage =float(input(" What's your monthly wage?"))
>>>print(type(name), type(age))      #type()函数用于测试变量类型
>>>print(age, wage)
```

在 Python 中，input()函数接受一个标准输入数据，返回为字符串类型（string），在实际应用中，有时需要改变数据类型，可以通过 Python 提供的内置转换函数来实现. 例如，int()用于将返回值转换为整数，float()用于将返回值转换为浮点数.

**例 4** 控制输出.

```
>>>a='hello'
>>>b='world'
>>>print(a, b, sep='-', end='!')
    hello-world!
>>>print("www", "baidu", "com", sep=".")      #指定"."字符连接字符串
    www. baidu. com
```

2. 带％格式化输出

（1）占位符％d：有符号整型十进制数.

```
>>> print('Output number %d'%21)
    Output number 21
>>> print('Output number %10d'%21)#%10d 代表占位10个字符空间(含21),不够用空格补
    Output number           21
>>> print('Output number %010d'%21)#%10d 代表占位10个字符空间,包括21,不够0来凑
    Output number 0000000021
```

（2）占位符％s：字符串.

```
>>>print('I love %s'%'Python')
    I love Python
>>>print('I love %10s'%'Python')#原理同上
    I love     Python
```

（3）占位符%f 或%F：有符号浮点型十进制整数.

```
>>>print('PI=%f'%(3.141592640))
    PI=3.141593
>>> print('PI=%.2f'%(3.141592640))   #保留2位小数
    PI=3.14
>>> print('PI=%08.2f'%(3.141592640))   #00003.12共占位8个字符空间
    PI=00003.14
```

（4）占位符%o：格式化无符号八进制数.

```
>>>print('Output:%o'%98)
    Output:142
```

（5）占位符%x：格式化无符号十六进制数.

```
>>>print('Output:%x %x'%(123,257))
    Output:7b 101
```

3. print()函数+format()组合输出

字符串 format()的基本语法格式：〈模板字符串〉. format（〈逗号分隔的参数〉）

〈模板字符串〉由一系列大括号 {} 组成，每个大括号内可以使用冒号（:）来指定格式化方式. 其完整的语法格式为：

{[index] [: [[fill] align] [sign] [#] [width] [.precision] [type]]}

例5　格式化字符串.

```
>>>s='PYTHON'
>>> print("{}".format(s))
    PYTHON
>>> print("{:.5}".format(s))   #截取前5个字符输出
    PYTHO
```

如果有多个使用大括号 {} 的输出格式，可在每个 {} 内加序号或者使用关键字标示各自的次序，控制输出顺序.

```
>>>print('{} {}'.format('hello','world'))   #不带字段
    hello world
>>>print('{0} {1}'.format('hello','world'))   #带数字编号
    hello world
```

```
>>>print('{0} {1} {0}'.format('hello','world'))    #打乱顺序
    hello world hello
>>>print('{1} {1} {0}'.format('hello','world'))
    world world hello
>>>print('{a} {b} {a}'.format(a='hello',b='world'))  #带关键字
    hello world hello
```

**例 6** 填充与对齐用法.

· 当指定了字符串最终的长度，但是现有的字符串没有那么长时，我们就用某种字符（填充字符）来填满至这个长度，这就是"填充".

· ^、<、>分别是居中、左对齐、右对齐，后面带宽度.

· : 后面带填充的字符，只能是一个字符，不指定则默认是用空格填充.

```
>>>number=3.1415926
>>>print('{:<8f}'.format(number))    #左对齐
3.141593
>>>print('{:>8f}'.format(number))    #右对齐
3.141593
>>>print('{:^8f}'.format(number))    #居中对齐
3.141593
>>> print('{:0^8.3f}'.format(number))居中对齐,不足用0填充
03.14200
>>>print('{:*^8.3f}'.format(number))居中对齐,不足用*填充
*3.142**
```

**4. f-string 用法**

f-string 是 Python 中格式化字符串的一种方式，它的语法为在字符串前面加上小写字母"f"，然后在字符串中使用大括号 {} 来包含想要格式化的变量或表达式.

**例 7** 简单的插值.

```
>>>name="Alice"
>>>age=30
>>>print(f"My name is {name} and I am {age} years old.")
```

输出：

```
My name is Alice and I am 30 years old
```

**例 8**　在 f-string 中使用表达式.

```
>>>a=10
>>>b=20
>>>print(f"The sum of {a} and {b} is {a + b}.")
```

输出:

```
The sum of 10 and 20 is 30
```

**例 9**　指定格式化字符串的宽度和精度.

```
>>>x=3.1415926535
>>>print(f"The value of pi is approximately {x:.3f}.")
```

输出:

```
The value of pi is approximately 3.142
```

**例 10**　在 f-string 中嵌套使用{}.

```
>>>name="Alice"
>>>age=30
print(f"My name is {name.upper()} and I am {age} years old. \ n{{This is a curly
brace}}")
```

输出:

```
My name is ALICE and I am 30 years old
{This is a curly brace}
```

注意事项: f-string 只能在 Python3.6 及以上版本中使用; f-string 中使用的表达式必须是合法的 Python 表达式; 在 f-string 中嵌套使用大括号时, 需要使用{{}}将大括号进行转义, 否则会被解析成表达式.

关于 Python 的有趣冷知识

## 2.2　数据类型

数据类型是数据的表现形式. 简单而言, 数据类型是计算机科学中一个核心概念, 用于定义数据的种类和范围. 不同的数据类型在计算机内部存储会有所不同, 不同的数据类型之间有时候是不兼容的, 需要类型转换. Python 提供了 7 种数据类型, 有数字类型 (Number)、字符串 (String)、元组 (Tuple)、布尔类型 (Bool)、列表 (List)、字典 (Dictionary)、集合 (Set).

## 2.2.1 数字

在 Python 中，数字类型对应的有 int（整数类型）、float（浮点数类型）、bool（布尔类型）和 complex（复数类型）4 种类型.

1. int（整数类型）

整数类型，简写 int，包括正整数、负整数和零，不包括小数和分数. 在 Python 中只有一种整数类型，不再区分整型和长整型. 在 Python 中，整数还包括二进制、八进制和十六进制，这时需要增加引导符，二进制数以 0b 或 0B 引导，八进制数以 0o 或 0O 引导，十六进制数以 0x 或 0X 引导.

二进制数由数字 0，1 组成，例如 0b1010.

八进制数由数字 0，1，2，3，4，5，6，7 组成，例如 0o712.

十六进制数由数字 0，1，2，3，4，5，6，7，8，9，a（A）～f（F）组成，例如 0xabc.

有时候，我们需要对整数进行转换. Python 为我们提供了方便的内置的数据类型转换函数.

bin(x)：将一个整数类型转换为二进制，以"0b"开头. 例如：0b11011 表示 10 进制的 27.

oct(x)：将一个整数类型转换为八进制，以"0o"开头. 例如：0o33 表示 10 进制的 27.

int(x)：将一个数字转换为整数类型，默认两个参数，第一个参数为要转换的数字，第二个参数为进制数，默认为十进制.

hex(x)：将一个整数类型转换为十六进制，以"0x"开头. 例如：0x1b 表示 10 进制的 27.

**例 11** 整数值为正整数和负整数演示代码.

```
>>>int_one=12   #变量赋值为正整数
>>>int_two=-40   #变量赋值为负整数
>>>print(int_one, int_two)   #显示默认十进制
12   -40
```

**例 12** 整数值为二进制的演示代码.

```
>>> int_three=0B1010   #变量赋值为二进制
>>>print(int three)   #显示默认十进制
10
>>>int_bin=bin(10)
>>>print(int_bin)   #显示10的二进制值
0b1010
```

**例 13**　整数值为八进制的演示代码.

```
>>> int_four=0o12
>>>print(int_four)  ♯显示默认十进制
10
>>>int_oct=oct(10)
>>>print(int_oct)  ♯显示10的八进制值
0o12
```

**例 14**　整数值为十六进制的演示代码.

```
>>> int_five =0x9
>>>print(int five)
10
>>>int_hex=hex(10)
>>>print(int_hex)  ♯显示10的十六进制值
```

**例 15**　进制数之间转换代码演示.

```
>>>bin (100)
'0b1100100'
>>>oct(100)
'0o144'
>>>int(100)
100
>>>hex(100)
'0x64'
>>>bin(0x64)
'0b1100100'
```

**2. float（浮点数类型）**

浮点数类型简称为 float. 浮点数由整数部分与小数部分组成，可以为正也可以为负. 此外，浮点数也可以用科学记数法表示.

**例 16**　变量赋值为浮点数的演示代码.

```
>>>float_one=1.359578
>>>float_two=−0.25
>>> float_three=1.25e2  ♯科学记数法
>>> float_four=1.24e−2
>>>print(float_one, float_two, float_three, float_four)
```

3. bool（布尔类型）

布尔类型简称为 bool. Python 每个对象具有布尔 True 或 False 值. 空对象、值为零的任何数字、Null 对象、None 的布尔值都是 False. 在 Python 中 True＝1，False＝0，可以和数字类型数据进行运算.

**例 17** 变量赋值为布尔类型的演示代码.

```
>>>bool_true=True
>>>bool_false=False
>>>print(bool_true, bool_false)
```

4. compelx（复数类型）

复数类型简称为 complex. 复数由实数部分和虚数部分构成，可以用 a ＋ bj（j 不区分大小写）、complex(a,b) 表示，a 是复数的实数部分，b 是复数的虚数部分，都是浮点型. 关于复数，不做科学计算或其他特殊需要，通常很难遇到.

**例 18** 变量赋值为复数的演示代码.

```
>>>num=123 ＋ 10j   #第一种表示形式:a ＋ bj.其中,a 表示实数部分,b 表示虚数部分
>>>print(num.real)   #实数部分
>>>print(num.imag)   #虚数部分
>>>a=complex(123,10)   #第二种表示形式:complex(a,b).其中,a 表示实数部分,b 表示虚数部分
>>>print(a.real)   #实数部分
>>>print(a.imag)   #虚数部分
```

5. 数字类型转换函数

在编写程序时，有可能需要对数字的类型进行转换，Python 提供了 int()、float()、complex()、bool() 四种数字类型转换内置函数，可以很方便地实现数字类型之间的转换. 数字类型转换函数及描述见表 2－1.

表 2－1　**数字类型转换函数及描述**

| 函数 | 描述 |
|---|---|
| int(x) | 将 x 转换为一个整数 |
| float(x) | 将 x 转换为一个浮点数 |
| complex(x,y) | 将 x 和 y 转换为一个复数，实数部分为 x，虚数部分为 y |
| bool(x) | 将 x 转换为一个布尔值 |

**例 19** 将浮点型、布尔类型、复数型转换为整型.

```
>>> int(1.56)
1
>>> int(0.156)
0
>>> int(-1.56)
-1
>>> int(True)
1
>>> int(False)
0
>>> int(1+2j)        #试图将复数转换成整型,计算机报错
Traceback (most recent call last):
  File "<stdin>", line 1, in <module>
TypeError: can't convert complex to int
>>>(1+2j).real    #提取复数的实数部分
1.0
>>>(1+2j).imag   #提取复数的虚数部分
2.0
```

从代码运行结果来看,浮点型转换为整型时,小数部分被舍去(不四舍五入),布尔值 True 和 False 被转换为 1 和 0,复数不能直接转换为其他数字类型,可以通过 .real 和 .imag 将复数的实数部分或虚数部分提取后分别转换.

**例 20** bool()函数应用代码演示.

```
>>> bool(None)
False
>>> bool(0)
False
>>> bool(0.0)
False
>>> bool(0.0+0.0j)
False
>>> bool("")
False
>>> bool([])
False
>>> bool({})
```

```
False
>>> bool(())
False
```

从代码运行结果来看，None、False、0（整型）、0.0（浮点型）、0.0+0.0j（复数）、""（空字符串）、[ ]（空列表）、()（空元组）、{}（空字典）的布尔值均为 False，除此之外，其他对象布尔值都是 True.

6. 数值运算函数

在进行数值计算时，我们根据需要选择 Python 提供的数值运算内置函数进行操作，常见内置函数及描述见表 2-2 所示.

表 2-2　常见内置函数及描述

| 函数 | 描述 |
|---|---|
| abs(x) | 返回 x 的绝对值 |
| max(x1, x2,...) | 返回给定参数的最大值，参数可以为序列 |
| min(x1, x2,...) | 返回给定参数的最小值，参数可以为序列 |
| divmod(x,y) | (x//y,x%y)，以元组形式返回商余 |
| pow(x, y) | x**y 运算后的值 |
| round(x [,n]) | 返回浮点数 x 的四舍五入值，如给出 n，则代表舍入到小数点后的位数 |

**例 21**　数值运算函数应用.

```
>>>abs(-10)
10
>>>max(1,2,3,4,5,6,7)
7
>>>min(1,2,3,4,5,6,7)
1
>>>divmod(10,20)
(0, 10)
>>>pow(10,5)
100000
>>>round(123.567)
124
>>>round(123.567,2)
123.57
```

### 2.2.2　字符串

在 Python 中，字符串是一种基本数据类型，是由单个字符组成的序列．在 Python 中，可以使用单引号或双引号来定义字符串．例如：

```
name='Alice'
message="Hello, world!"
```

#### 1. 字符串索引

字符串索引是指访问字符串中需要的字符，一般通过字符串变量［n］来实现需要访问的字符，其中 n 的值可正可负，正数表示正向递增（从左向右），负数表示反向递减（从右向左）．如，下面代码给出了字符串索引演示过程．

```
>>> s='Hello World'
>>> s[0]
>>> s[-1]
>>> s[8]
>>> s[-3]
```

#### 2. 字符串切片

字符串切片指截取字符串的子串，一般可以使用方括号［］来截取，其语法格式如下：

字符串[头下标：尾下标]

在字符串切片时，若头下标缺省，则表示从字符串的开始截取子串；若尾下标缺省，则表示截取到字符串的最后一个字符；若头下标和尾下标都缺省，则截取全部字符串．

注意：区间表示"左闭右开"．代码示例如下：

```
>>> s='Hello Mike'
>>> s[0:5]
>>> s[6:-1]
>>> s[:5]
>>> s[6:]
>>> s[:]
```

在实际应用中，字符串切片还可以设置截取子字符串的顺序，格式为：字符串［头下标:尾下标:步长］．当步长大于 0 时，从左向右取字符；当步长小于 0 时，从右向左取字符．代码示例如下：

```
>>> s='Hello Mike'
>>> s[0:5:1]
'Hello'
>>>s[0:6:2]
'Hlo'
>>>s[0:6:-1]
>>>s[4:0:-1]
'olle'
>>>s[4: :-1]
'olleH'
>>> s[::-1]
1
'ekiM olleH'
>>> s[::-3]
'eMlH'
```

3. 字符串内置函数

（1）字符串长度计算.

可以通过 len()函数返回需要求取字符串的长度.

```
>>> s='Hello World'
>>>print(len(s))
    11
```

（2）转换函数.

str()函数将数字型转换为字符串类型，chr()函数返回 Unicode 编码值对应的字符，ord()函数返回字符对应的 Unicode 编码. 以下是转换函数代码演示示例.

```
>>> str(120)
    120
>>> str(3+5)
>>> ord( 'A' )
    65
>>>chr(65)
    A
```

（3）查找类函数.

· find()查找一个字符串在另一个字符串指定范围内（默认是整个字符串）首次出现的位置，若不存在则返回-1.

· rfind()查找一个字符串在另一个字符串指定范围内（默认是整个字符串）最后

一次出现的位置，若不存在则返回-1.

　　·index()查找一个字符串在另一个字符串指定范围内（默认是整个字符串）首次出现的位置，若不存在则抛出异常.

　　·rindex()查找一个字符串在另一个字符串指定范围内（默认是整个字符串）最后一次出现的位置，若不存在则抛出异常.

　　·count()用来返回一个字符串在另一个字符串中出现的次数，若不存在则返回0.

　　以下是查找类函数代码演示示例：

```
>>> s='bird, fish , monkey,rabbit'
>>> s.find('fish')
    5
>>> s.find('b')
    0
>> s.rfind('b')
    20
>>> s.rfind( 'tiger')
    -1
>>> s.index('bird')
    0
>>> s. count( 'bird')
    1
>>> s. count( 'b')
    3
```

（4）分割类函数.

①split()以指定字符为分隔符，从原字符串的左端开始将其分割为多个字符串，并返回包含分割结果的列表.

②rsplit()以指定字符为分隔符，从原字符串的右端开始将其分割为多个字符串，并返回包含分割结果的列表.

③partition()以指定字符串为分隔符，将原字符串分割为3个部分（分隔符之前的字符串、分隔符字符串和分隔符之后的字符串）.

④rpartition()以指定字符串为分隔符，将原字符串分割为3个部分（分隔符之前的字符串、分隔符字符串和分隔符之后的字符串）.

　　以下是分割类函数代码演示示例：

```
>>> s='bird, fish, monkey, rabbit'
>>> s.split(',')
['bird','fish', 'monkey' ,' rabbit']
>>>s='I am a girl'
```

```
>> s.split(' ')
['I', 'am', 'a', 'girl']
>>>s.rsplit(' ')
['I', 'am', 'a', 'girl']
>>>s.split (maxsplit=2)
['I', 'am', 'a girl']
>>>s.rsplit(maxsplit=2)
['I am', 'a', 'girl']
>>> s.partition( 'a' )
('Ia', 'a', 'm a girl')
```

（5）字符串连接方法.

join()将列表中多个字符串进行连接，并在相邻两个字符串之间插入指定字符，返回新字符串.

```
>>>s=['apple','banana', 'pear','peach']
>>> ':'.join(s)
    'apple: banana :pear:peach'
>>> '-'.join(s)
    'apple-banana-pear-peach'
```

（6）大小写转换方法.
- lower()将字符串转换为小写字符串.
- uppper()将字符串转换为大写字符串.
- capitalize()将字符串首字母变为大写.
- title()将字符串中每个单词的首字母都变为大写.
- swapcase()将字符串中的字符大小写互换.

注意：这些字符转换方法会生成新的字符串，不对原字符串进行任何修改.

```
>>>s='I have two big eyes'
>>> s.lower()
    'i have two big eyes'
>>> s.upper()
    'I HAVE TWO BIG EYES '
>>> s.capitalize()
    'I have two big eyes'
>>>s.title()
    'I Have Two Big Eyes'
>>>s.swapcase()
    'i HAVE TWO BIG EYES'
```

（7）替换方法.

replace()替换字符串中指定字符或子字符串.

```
>>>s='I have two big eyes'
>>>s.replace('big','samll')
'I have two small eyes'
```

（8）删除字符串中空白字符.

• strip()删除字符串两端空白字符.

• rstrip()删除字符串右端空白字符.

• lstrip()删除字符串左端空白字符.

```
>>>s = '  I have two big eyes  '
>>> s.strip()
>>> s.rstrip()
>>> s.lstrip()
>>> s='====Mike===='
>>> s.strip('=')    #删除字符串两端指定字符
    'Mike '
>>> s.rstrip('=')
    '====Mike '
>>> s.lstrip('=')
    'Mike===='
```

（9）判断字符串是否以指定字符开始或结束的方法.

• startswith()判断字符串是否以指定字符开始.

• endswith()判断字符串是否以指定字符结束.

```
>>>s='Python 程序设计.py'
>>>s.startswith('py')
False
>>> s.startswith('Python')
True
>>> s.endswith('py')
True
```

（10）字符串判断方法.

• isupper()判断字符串字符是否全为大写.

• islower()判断字符串字符是否全为小写.

• isdigit()判断字符串字符是否全为数字.

• isalnum()判断字符串字符是否全为字母、汉字或数字.

• isalpha()判断字符串字符是否全为字母或汉字.

```
>>>s='years'
>>>s.islower()
        True
>>>s='YEARS'
>>> s.isupper()
True
>>>s='20221015'
>>>s.isdigit()
True
>>>s='I am a girl'
>>>s.isalpha()
False
>>>s.replace(" ")     #将字符串中的空格删除
>>> s.isalpha()
True
>>>s.isalnum()
False
```

(11) 字符串排版方法.
• center()字符串居中对齐.
• ljust()字符串居左对齐.
• rjust()字符串居右对齐.
• zfill（）输出指定宽度，不足的左边填 0.

```
>>> S='hello mike'
>>> S. center(30,'=')
=========hello mike=========
>>> S.l just(20,'*')
'hello mike**********'
>>> S. rjust(20,'*')
'**********hello mike '
>>> S. zfill(20)
' 0000000000hello mike'
```

### 2.2.3　列表

在 Python 中，列表是一种有序的数据集合，可以包含多个元素，这些元素可以为任意类型的数据，包括数字、字符串和其他列表等. Python 列表是一种常见且功能强大的数据结构，除了基本的增、删、改、查等操作外，还提供了许多高级用法，可以帮助我们更好地处理和操作数据.

1. 创建列表

在 Python 中，列表使用方括号（［ ］）来定义，多个元素之间使用逗号（,）隔开.

**例 22**　定义一个简单的列表 list_fruits.

```
>>>list_fruits=['apple', 'banana', 'orange', 'grape']
>>>print(list_fruits)
['apple', 'banana', 'orange', 'grape']
```

上述代码中，列表 list_fruits 包含了四个元素，分别是'apple'，'banana'，'orange'和'grape'.

**例 23**　定义一个空列表 list_empty.

```
>>>list_empty=［ ］
>>>print(list_empty)
［ ］
```

**例 24**　定义一个包含多种类型元素的列表 mixed_list.

```
>>>mixed_list=[1, 'apple', True, [2, 3, 4]]
>>> print(mixed_list)
[1, 'apple', True, [2, 3, 4]]
```

从上述代码可以看出，列表中的元素可以是任意类型的数据，包括数字、字符串、布尔值、列表等.

2. 访问元素

要访问列表中的元素，可以通过指定索引（序号）来完成，索引有从前往后的正方向索引（正索引），第一个元素的索引是 0，第二个元素的索引是 1，依次类推.

**例 25**　使用正索引访问列表元素.

```
>>>fruits=['apple', 'banana', 'orange', 'grape']
>>>print(fruits[0])    ＃输出:'apple'
>>>print(fruits[2])    ＃输出:'orange'
```

还有从后向前的索引（负索引），列表倒数第一个元素的索引是−1，倒数第二个元素的索引是−2，以此类推.

**例 26**　使用负索引访问列表元素.

```
>>>fruits=['apple', 'banana', 'orange', 'grape']
>>>print(fruits[−1])    ＃输出:'grape'
>>>print(fruits[−2])    ＃输出:'orange'
```

**例 27** 访问嵌套列表元素.

```
>>>nested_list=[[1, 2, 3], [4, 5, 6], [7, 8, 9]]
>>>print(nested_list[0][1])   #输出: 2
```

### 3. 修改元素

列表是可变类型，我们可以通过索引来修改列表中的元素. 以下是修改列表元素示例.

```
>>>fruits=['apple', 'banana', 'orange', 'grape']
>>>fruits[1]='pear'
>>>print(fruits)   #输出:['apple', 'pear', 'orange', 'grape']
```

### 4. 列表切片

Python 列表提供了强大的切片功能，可以从列表中提取子列表. 其语法格式为：list[start:end:step]，其中 start 表示起始索引（包含），end 表示结束索引（不包含），step 表示步长. 以下是列表切片演示代码.

```
>>>my_list=[1, 2, 3, 4, 5, 6, 7, 8, 9, 10]
```

（1）提取索引 2 到索引 6 之间的子列表.

```
>>>sub_list1=my_list[2:7]
>>>print(sub_list1)   #输出[3, 4, 5, 6, 7]
```

（2）以步长 2 提取索引 1 到索引 9 之间的元素.

```
>>>sub_list2=my_list[1:10:2]
>>>print(sublist2)   #输出[2, 4, 6, 8, 10]
```

（3）倒序提取整个列表.

```
>>>reversed_list=my_list[::-1]
>>>print(reversed_list)   #输出:[10, 9, 8, 7, 6, 5, 4, 3, 2, 1]
```

### 5. 拼接与复制

（1）可以使用加号（+）将两个列表拼接成一个新的列表，以下是拼接列表的示例：

```
>>>fruits1=['apple', 'banana']
>>>fruits2=['orange', 'grape']
>>>all_fruits=fruits1 + fruits2
>>>print(all_fruits)  #输出:['apple', 'banana', 'orange', 'grape']
```

（2）可以使用乘号（*）复制一个列表，以下是复制列表的示例：

```
>>>fruits=['apple', 'banana']
>>>double_fruits=fruits * 2
>>>print(double_fruits)  #输出:['apple', 'banana', 'apple', 'banana']
```

6. 列表遍历

如果要遍历列表中的所有元素，则可以使用 for 循环来实现. 示例：

```
>>>fruits=['apple', 'banana', 'orange', 'grape']
>>>for fruit in fruits:
        print(fruit)
```

输出结果为：

```
apple
banana
orange
grape
```

7. 列表推导式

列表推导式是一种简洁而强大的构建列表的方式，它允许我们在一行代码中根据特定的条件快速创建和筛选列表.

（1）创建一个包含 1 到 10 的平方数的列表.

```
>>>squares=[x**2 for x in range(1, 11)]
>>>print(squares)  #输出:[1, 4, 9, 16, 25, 36, 49, 64, 81, 100]
```

（2）筛选列表中的偶数.

```
>>>numbers=[1, 2, 3, 4, 5, 6, 7, 8, 9, 10]
>>>even_numbers=[x for x in numbers if x % 2 == 0]
>>>print(even_numbers)  #输出[2, 4, 6, 8, 10]
```

8. 列表及元素删除

如果要删除列表或列表元素，则可以使用 del 语句来实现. 以下代码是删除列表元

41

素和列表示例.

```
>>>fruits=['apple', 'banana', 'orange', 'grape']
>>>del fruits[1]
>>>print(fruits)   #输出:['apple', 'orange', 'grape']
>>>del fruits   #删除列表
>>>print(fruits)   #报错:NameError: name 'fruits' is not defined
```

9. 列表判断

可以使用 in 和 not in 运算符可判断一个元素是否在列表中，以下是一个判断列表是否包含指定元素的示例：

```
>>>fruits=['apple', 'banana', 'orange', 'grape']
>>>print('banana' in fruits)      #输出:True
>>>print('kiwi' in fruits)        #输出:False
>>>print('kiwi' not in fruits)    #输出:True
```

10. 列表方法

如果要对列表进行增加、删除元素和排序等操作，我们也可以使用 Python 提供的列表方法来实现，以下是常用的列表方法：

（1）append()：在列表末尾添加元素.

（2）insert()：在指定位置插入元素.

（3）remove()：从列表中删除指定元素.

（4）pop()：弹出列表中指定元素（默认为最后一个元素）并返回该元素.

（5）sort()：将列表中的元素按照一定规则排序.

（6）reverse()：将列表中的元素倒序排列.

（7）index()：返回列表中指定元素的索引.

（8）count()：返回列表中指定元素的出现次数.

（9）len()：返回列表的长度（即包含元素的个数）.

（10）clear()：清空一个列表.

**例 28**  假设有一个名为 fruits 的列表，其中包含'apple', 'banana', 'orange', 'grape' 四个元素.

```
>>>fruits=['apple', 'banana', 'orange', 'grape']
>>>fruits.append('pear')   #在列表末尾添加元素'pear'
>>>print(fruits)   #输出列表:['apple', 'banana', 'orange', 'grape', 'pear']
>>>fruits.insert(2, 'kiwi') #在索引为2的位置插入元素'kiwi'
>>>print(fruits)   #输出:['apple', 'banana', 'kiwi', 'orange', 'grape', 'pear']
```

```
>>>fruits.remove('orange')   #删除元素'orange'
>>>print(fruits)    # 输出：['apple', 'banana', 'kiwi', 'grape', 'pear']
>>>popped_fruit=fruits.pop()    #删除最后一个元素,赋值给 popped_fruit
>>>print(popped_fruit)    #输出：'pear'
>>>print(fruits)         # 输出：['apple', 'banana', 'kiwi', 'grape']
>>>fruits.sort()
>>>print(fruits)         # 输出：['apple', 'banana', 'grape', 'kiwi']
>>>fruits.reverse()    #倒序排列
>>>print(fruits)     #输出：['kiwi', 'grape', 'banana', 'apple']
>>>print(fruits.index('banana'))    #查找元素索引
>>>print(fruits.count('grape'))    #查找元素出现次数
>>>print(len(fruits))    #输出列表长度:4
>>>fruits.clear()    #清空列表
>>>print(fruits)
```

### 2.2.4　元组

元组是 Python 中的一种不可变序列，使用圆括号（）表示，可以包含任意类型的元素，元素之间用逗号隔开．元组和列表相似，但元组的元素不能被修改，因此可以作为不可变的常量和数据结构使用．

1. 创建元组

（1）用圆括号（）括起来的多个值，每个值用逗号隔开．

```
>>>tuple_four=(1, 2, 3, 'hello')
>>>print(tuple_four)   #输出：(1, 2, 3, 'hello')
```

（2）用 tuple()函数将一个序列或可迭代对象转换成元组．

```
>>>list_four=[1, 2, 3, 'hello']
>>>tup =tuple(list_four)   # 将列表 lst 转换为元组
>>>print(tup)   #输出：(1, 2, 3, 'hello')
```

（3）若元组只包含一个元素，则需要在元素后面添加逗号．

```
>>>tuple_one=(1,)   # 一个元素的元组
>>> print(tuple_one) #输出：(1,)
```

2. 访问元组

元组中的元素可以通过下标（索引）访问，下标从 0 开始，也可以使用负数从右向左访问元素．

```
>>>tup=(1, 2, 3, 'hello')
>>>print(tup[0])   #输出:1
>>>print(tup[-1])   #输出:'hello'
```

### 3. 元组切片

可以通过切片获取元组的一部分，语法类似列表.

```
>>>tup=(1, 2, 3, 'hello')
>>>print(tup[1:3])   #输出:(2, 3)
>>>print(tup[:2])   #输出:(1, 2)
>>>print(tup[2:])   #输出:(3, 'hello')
```

### 4. 拼接和复制

（1）使用+操作符可以将两个元组拼接成一个新的元组.

```
>>>tup1=(1, 2)
>>>tup2=('hello', 'world')
>>>tup3=tup1 + tup2
>>>print(tup3)   #输出:(1, 2, 'hello', 'world')
```

（2）使用 * 操作符可以复制一个元组.

```
>>>tup=(1, 2)
>>>tup2=tup * 3
>>>print(tup2)   #输出:(1, 2, 1, 2, 1, 2)
```

### 5. 元组判断

可以使用 in 和 not in 运算符来判断一个元素是否在列表中. 以下是一个判断列表是否包含指定元素的示例：

```
>>>tup=(1, 2, 3, 'hello')
>>>print(2 in tup)   #输出:True
>>>print('world' not in tup)   #输出:True
```

### 6. 元组方法

（1）如要计算元组的长度，可以通过 len()函数来实现.

```
>>>tup=(1, 2, 3, 'hello')
>>>print(len(tup))   #输出:4
```

（2）如要统计元组中某个元素的出现的次数，可以通过 count()函数来实现.

```
>>>tup=(1, 2, 2, 3)
>>>print(tup.count(2))  #输出:2
```

（3）index()方法可以获取元组中某个元素的下标（索引），如果元素不存在则会抛出 ValueError 异常：

```
>>>tup=(1, 2, 3, 'hello')
>>>print(tup.index('hello'))  #输出:3
```

### 2.2.5  字典

字典是 Python 中的一种无序数据类型，用于存储"键值对"（Key-Value）的映射关系. 字典使用大括号 {} 表示，键和值之间用冒号分隔，多个键值对之间用逗号隔开.

1. 创建字典

（1）直接使用大括号 {} 创建空字典.

```
>>>dict1={}
```

（2）用 {key1：value1，key2：value2，...} 的形式创建字典.

```
>>>dict2={'name': 'Alice', 'age': 18}
```

（3）用 dict()函数创建字典，参数为"键值对"的序列.

```
>>>dict3=dict([('name', 'Bob'), ('age', 20)])
>>>print(dict3)
```

2. 访问字典

可以通过键来访问字典中的值.

```
>>>dict1={'name': 'Alice', 'age': 18}
>>>print(dict1['name'])  # 输出:Alice
```

如果字典中不存在该键，则会抛出 KeyError 异常. 可以使用 in 和 not in 运算符判断一个键是否在字典中.

```
>>>dict1={'name': 'Alice', 'age': 18}
>>>print('name' in dict1)  #输出:True
>>>print('gender' not in dict1)  #输出:True
```

3. 字典操作和方法

字典是可变的，可以进行增加、修改、删除键值对等操作.

（1）可以通过赋值语句添加新的键值对.

```
>>>dict1={'name': 'Alice', 'age': 18}
>>>dict1['gender']='female'
>>>print(dict1)    # 输出:{'name': 'Alice', 'age': 18, 'gender': 'female'}
```

（2）可以通过赋值语句修改已有的键值对.

```
>>>dict1={'name': 'Alice', 'age': 18}
>>>dict1['age']=19
>>>print(dict1)    # 输出:{'name': 'Alice', 'age': 19}
```

（3）可以使用 del 语句删除字典中的键值对.

```
>>>dict1={'name': 'Alice', 'age': 18}
>>>deldict1['age']  # 删除 age 对应的键值对
>>>print(dict1)    # 输出: {'name': 'Alice'}
```

（4）可以使用.keys()、.values()和.items()方法获取字典中的键、值和键值对.

```
>>>dict1={'name': 'Alice', 'age': 18}
>>>print(dict1.keys())    # dict_keys(['name', 'age'])
>>>print(dict1.values())    # dict_values(['Alice', 18])
>>>print(dict1.items())    # dict_items([('name', 'Alice'), ('age', 18)])
```

（5）可以使用 len()函数获取字典中"键值对"的个数.

```
>>>dict1={'name': 'Alice', 'age': 18}
>>>print(len(dict1))    # 输出:2
```

## 2.2.6 集合

集合（Set）是一种无序的数据类型，集合使用大括号 {} 表示，元素之间用逗号隔开．集合具有去重和快速判断元素是否存在于集合中的特性，因此在实际编程中也经常被使用.

1. 创建集合

（1）创建空集合.

```
>>>set1=set()
```

注意：如果只用 {} 创建集合，则会创建一个空字典而不是集合，因为在 Python 中 {} 既可以表示字典也可以表示集合.

（2）用 {elem1，elem2，...} 的形式创建集合.

```
>>>set2={'apple', 'banana', 'orange'}
```

（3）用 set() 函数创建集合，参数为列表、元组或字符串等可迭代对象.

```
>>>set3=set([1, 2, 3, 4, 5])
>>>print(set3)
```

### 2. 访问集合

集合中的元素是无序的，因此不能使用下标来访问集合中的元素. 可以使用 in 和 not in 关键字来判断一个元素是否在集合中.

```
>>>set1={'apple', 'banana', 'orange'}
>>>print('apple' in set1)    #输出：True
>>>print('pear' not in set1)    #输出：True
```

### 3. 集合操作

集合是可变的，可以进行增加、删除元素等操作.

（1）增加元素. 可以使用.add() 方法向集合中添加一个元素.

```
>>>set1={'apple', 'banana', 'orange'}
>>>set1.add('pear')
>>>print(set1)    #输出：{'apple', 'banana', 'orange', 'pear'}
```

（2）删除元素. 可以使用.remove() 方法删除集合中的一个元素.

```
>>>set1={'apple', 'banana', 'orange'}
>>>set1.remove('banana')
>>>print(set1)    #输出：{'apple', 'orange'}
```

如果要删除的元素不存在于集合中，则会抛出 KeyError 异常. 可以使用.discard() 删除集合中的元素，如果元素不存在集合中则不会抛出异常.

```
>>>set1={'apple', 'banana', 'orange'}
>>>set1.discard('pear')
>>>print(set1)    #输出：{'apple', 'banana', 'orange'}
```

（3）集合合并. 可以使用.union()方法或 | 运算符将两个集合合并.

```
>>>set1={'apple', 'banana', 'orange'}
>>>set2={'pear', 'banana', 'kiwi'}
>>>set3=set1.union(set2)
>>>print(set3)    #输出：{'apple', 'banana', 'kiwi', 'orange', 'pear'}
```

或者使用.update()方法将另一个集合的元素加入当前集合中.

```
>>>set1={'apple', 'banana', 'orange'}
>>>set2={'pear', 'banana', 'kiwi'}
>>>set1.update(set2)
>>>print(set1)    #输出：{'apple', 'banana', 'kiwi', 'orange', 'pear'}
```

（4）交集. 可以使用.intersection()方法或 & 运算符获取两个集合的交集.

```
>>>set1={'apple', 'banana', 'orange'}
>>>set2={'pear', 'banana', 'kiwi'}
>>>set3=set1.intersection(set2)
>>>print(set3)    #输出：{'banana'}
```

（5）差集. 可以使用.difference()方法或－运算符获取两个集合的差集.

```
>>>set1={'apple', 'banana', 'orange'}
>>>set2={'pear', 'banana', 'kiwi'}
>>>set3=set1.difference(set2)
>>>print(set3)     #输出：{'apple', 'orange'}
```

（6）对称差集. 可以使用.symmetric_difference()方法或^运算符来获取两个集合的对称差集，即两个集合中不重复的元素的集合.

```
>>>set1={'apple', 'banana', 'orange'}
>>>set2={'pear', 'banana', 'kiwi'}
>>>set3=set1.symmetric_difference(set2)
>>>print(set3)     #输出：{'apple', 'kiwi', 'orange', 'pear'}
```

（7）子集判断. 可以使用.issubset()方法来判断一个集合是不是另一个集合的子集.

```
>>>set1={'apple', 'banana', 'orange'}
>>>set2={'banana', 'orange'}
>>>print(set2.issubset(set1))    #输出：True
```

（8）超集判断．可以使用.issuperset()方法来判断一个集合是否为另一个集合的超集．

```
>>>set1={'apple', 'banana', 'orange'}
>>>set2={'banana', 'orange'}
>>>print(set1.issuperset(set2))   #输出:True
```

## 2.3　运算符与表达式

理解运算符和表达式是学习任何编程语言的基础，Python 也不例外．Python 提供了算术运算符、比较运算符、复合赋值运算符、逻辑运算符、位运算符、成员运算符和身份运算符等多种类型．表达式是由值、变量和运算符组成的组合，它可以计算并产生一个结果．

1．算术运算符和算术表达式

在 Python 中，算术运算符包括＋、－、＊、/、//、＊＊、％，分别表示加、减、乘、除、整除、幂、求余（取模）数学运算．以下是算术运算符和表达式的代码演示示例：

```
>>>a=3
>>>b=4
>>>print(a + b)   #输出:7
>>>print(a - b)   #输出:-1
>>>print(a * b)   #输出:12
>>>print(a / b)   #输出:0.75
>>>print(a // b)  #输出:0
>>>print(a ** b)  #输出:81
>>>print(a % b)   #输出:3
```

2．比较运算符和关系表达式

在 Python 中，比较运算符包括＝＝、!＝、<、<＝、>、>＝，分别执行等于、不等于、小于、小于等于、大于、大于等于比较运算，比较结果为布尔值（True 或 False）．以下是比较运算符和关系表达式的代码演示示例：

```
>>>a=3
>>>b=4
>>>print(a == b)   #输出:False
>>>print(a != b)   #输出:True
```

```
>>>print(a < b)    #输出:True
>>>print(a <= b)   #输出:True
>>>print(a > b)    #输出:False
>>>print(a >= b)   #输出:False
```

3. 复合赋值运算符与表达式

复合赋值运算符由赋值运算符＝与其他运算符结合而成，也就是赋值运算符＝右方的源操作数必须有一个和左方接受赋值数值的操作数相同，例如：

```
>>>x=10
>>>x+=1   #即 x=x+1
>>>x-=9   #即 x=x-9
>>>x*=6   #即 x=x*6
>>>x/=2   #即 x=x/2
>>>x **= 2   #即 x=x**2
>>>x //= 7   #即 x=x//7
>>>x%=5   #即 x=x%5
```

4. 逻辑运算符和逻辑表达式

在 Python 中，逻辑运算符包括 and、or、not，分别执行逻辑与、逻辑或、逻辑非的逻辑运算，运算结果为布尔值（True 或 False）. 以下是逻辑运算符和逻辑表达式的代码演示示例：

```
>>>a=True
>>>b=False
>>>print(a and b)   #输出:False
>>>print(a or b)    #输出:True
>>>print(not a)     #输出:False
```

5. 位运算符和位运算表达式

在 Python 中，位运算符包括 &、|、^、~、<<、>>，分别对整数进行按位与、按位或、按位异或、按位取反、左移位、右移位等操作. 在计算时，整数是以二进制补码的形式存储的. 以下是位运算符和位运算表达式的代码演示示例：

```
>>>a=3
>>>b=4
>>>print(a & b)   #输出:0   0b0011 & 0b0100=0b0000
>>>print(a | b)   #输出:7   0b0011 | 0b0100=0b0111
```

```
>>>print(a^b)   #输出:7   0b0011 ∧ 0b0100=0b0111
>>>print(~a)   #输出:-4   ~3=~0b0011=-4
>>>print(a<<2)   #输出:12   3<<2=0b0011<<2=0b1100=12
>>>print(a>>2)   #输出:0   3>>2=0b0011>>2=0b0000=0
```

6. 成员运算符与成员运算表达式

Python 的成员运算符用于检查一个值是否存在于某个序列（如字符串、列表、元组等）或字典中. 成员运算符包括 in 和 not in.

（1）in 运算符：用于检查一个值是否存在于序列或字典中. 如果值存在，则返回 True；否则返回 False.

（2）not in 运算符：用于检查一个值是否不存在于序列或字典中. 如果值不存在，则返回 True；否则返回 False. 下面是一些示例：

```
#检查字符串中是否包含某个字符
>>>string="Hello, World!"
>>>print("H" in string)   #输出:True
>>>print("h" in string)   #输出:False
#检查列表中是否包含某个元素
>>>list=[1, 2, 3, 4, 5]
>>>print(3 in list)   #输出:True
>>>print(6 in list)   #输出:False
#检查字典中是否包含某个键
>>>dict={"name": "Alice", "age": 25}
>>>print("name" in dict)   #输出:True
>>>print("gender" in dict)   #输出:False
```

成员运算符可以用于判断某个值是否存在于序列或字典中，从而进行相应的逻辑操作.

7. 身份运算符与身份表达式

Python 身份运算符用于比较两个对象的内存地址是否相同. Python 中有 is 和 is not 两个身份运算符.

（1）is：用于判断两个对象是否引用同一个内存地址，如果两个对象的内存地址相同，则返回 True；否则返回 False.

（2）is not：用于判断两个对象是否引用不同的内存地址，如果两个对象的内存地址不同，则返回 True；否则返回 False.

身份运算符主要用于比较可变对象（如列表、字典等）的引用，而不是比较它们的值. 如：

```
>>>a=[1, 2, 3]
>>>b=a
>>>c=[1, 2, 3]
>>>print(a is b)    #输出:True,a 和 b 引用同一个列表对象
>>>print(a is c)    #输出:False,a 和 c 引用不同的列表对象
>>>print(a is not c)   #输出:True,a 和 c 引用不同的列表对象
```

需要注意的是，对于不可变对象（如整数、字符串等），身份运算符的结果可能会受到 Python 的内部优化机制的影响. 因此，在比较不可变对象时，最好使用相等运算符（==）进行比较.

## 2.4 流程控制语句

### 2.4.1 条件语句

Python 中的 if 语句是基本的条件控制结构之一，它允许程序根据条件是否为真来决定执行不同的代码分支. if 语句可以单独使用，也可以与 else 语句和 elif 语句一起使用，以构建更复杂的条件控制流程.

1. if 语句

if 语句的基本语法如下：

```
if condition:
    # 如果 condition 为 True,则执行代码块
```

其中，condition 是一个可以返回 True 或 False 的表达式或变量. 如果 condition 的值为 True，则执行缩进后的代码块. 示例如下：

```
num=5
if num > 0:
    print("The number is positive")
```

在这个示例中，num > 0 是一个返回 True 或 False 的关系表达式. 由于 num 的值为 5，因此该表达式的值为 True，if 语句缩进的代码块将被执行. 执行结果为：The number is positive.

2. if-else 语句

if-else 语句是 if 语句的扩展，它允许我们在条件不满足时执行 else 语句缩进的代码块. if-else 语句的语法如下：

```
if condition:
    ♯ condition 为 True,则执行代码块1
else:
    ♯ condition 为 False,则执行代码块2
```

如果 condition 的值为 True,则执行代码块 1,否则执行代码块 2. 下面是一个使用 if-else 语句的示例,检查一个数字是否为正数,注意非交互模式下的代码应写入 .py 脚本文件中执行:

```
num=-5
if num > 0:
    print("The number is positive")
else:
    print("The number is not positive")
```

在这个示例中,由于 num 的值为 -5,因此 num > 0 的值为 False,if 语句后面的代码块将被跳过,else 语句后面的代码块将被执行. 将代码写入 .py 脚本文件中,执行结果为 The number is not positive.

3. if-elif-else 语句

if-elif-else 语句是一种更复杂的条件控制结构,它允许我们在多个条件之间进行选择. if-elif-else 语句的语法如下:

```
if condition1:
    ♯执行代码块1
elif condition2:
    ♯执行代码块2
elif condition3:
    ♯执行代码块3
else:
    ♯执行代码块4
```

如果 condition1 的值为 True,则执行代码块 1;否则,检查 condition2 的值. 如果 condition2 的值为 True,则执行代码块 2;否则,检查 condition3 的值. 以此类推,直到找到一个 True 的条件或者执行 else 语句的代码块.

下面是一个使用 if-elif-else 语句的示例,根据一个学生的成绩输出相应的等级.

```
score=75
if score >= 90:
    print("A")
elif score >= 80:
    print("B")
elif score >= 70:
    print("C")
elif score >= 60:
    print("D")
else:
    print("F")
```

在这个示例中，由于 score 的值为 75，它满足条件 score >= 70，因此代码块 print("C") 将被执行. 执行结果为：C.

4. 嵌套 if 语句

在 Python 中，我们可以在 if 语句的代码块中嵌套另一个 if 语句，以构建更复杂的条件控制流程. 下面是一个嵌套 if 语句的示例，检查一个数字是否为正数、负数或零.

```
num=0
if num > 0:
    print("The number is positive")
else:
    if num < 0:
        print("The number is negative")
else:
        print("The number is zero")
```

在这个示例中，由于 num 的值为 0，因此第一个 if 语句的代码块将被跳过，进入 else 语句的代码块. 在 else 语句的代码块中，又嵌套了一个 if 语句，检查 num 是否小于 0. 由于 num 的值为 0，因此第二个 if 语句的代码块也将被跳过，进入 else 语句的代码块. 执行结果为：The number is zero.

## 2.4.2 循环语句

在 Python 中，循环语句是非常重要的一种流程控制结构，它可以重复执行某个任务，直到满足某个条件为止.

1. while 循环

while 循环是 Python 中最基本的一种循环结构，其语法格式如下：

```
while 条件:
    循环体
```

其中，条件是一个表达式，当它的值为 True 时，就会一直执行循环体中的代码，直到条件的值为 False 为止. 示例如下:

```
i=1
while i <= 5:
    print(i)
    i += 1
```

在这个示例中，首先将 i 的初始值设为 1，然后判断 i 的值是否小于等于 5，如果成立，就输出 i 的值，并将 i 的值加 1，再次进行循环，直到 i 的值变为 6，不满足条件时，就会跳出循环. 执行结果为: 1 2 3 4 5.

2. for 循环

for 循环是 Python 中另一种常用的循环结构，它可以循环遍历一个序列（如列表、元组或字符串）中的元素，也可以循环遍历一个指定范围内的整数(range(n)). for 循环的语法格式如下:

```
for 变量 in 序列:
    循环体
```

其中，变量是用来存储序列中的元素的变量名，序列是要遍历的序列，循环体是要执行的代码块. 示例如下:

```
fruits=['apple', 'banana', 'cherry']
for fruit in fruits:
    print(fruit)
```

在这个示例中，fruits 是一个包含三个字符串的列表，fruit 是用来存储列表中元素的变量名. 在 for 循环的每次迭代中，将列表中的一个元素赋值给 fruit，然后执行循环体中的代码块. 执行结果为:

```
apple
banana
cherry
```

3. 循环控制语句

在循环执行过程中，也可以通过 break、continue 和 pass 语句对循环进行其他控制.

break 语句可以用来强制跳出循环. 下面是一个使用 break 语句的示例，找出字符串"hello world"中第一个空格字符的所在位置.

```
str ="hello world"
for i in range(len(str)):
    if str[i] == ' ':
        print("第一个空格出现在第", i, "个字符处")
        break
```

在这个示例中，range(len(str))用来生成一个序列，包含字符串"hello world"的每个字符的下标，循环遍历字符串中的每个字符，如果遇到空格，则输出空格位置并使用 break 语句强制跳出循环. 执行结果为：第一个空格出现在第 5 个字符处.

continue 语句可以在不执行完整个循环的情况下，跳过某个特定的迭代. 下面是一个使用 continue 语句的示例，输出 1~10 之间的奇数.

```
for i in range(1, 11):
    if i % 2 == 0:
        continue
print(i)
```

在这个示例中，range(1, 11)用来生成一个包含 1~10 之间的整数的序列，循环遍历这个序列中的每个数，如果这个数是偶数，则使用 continue 语句跳过这次循环，否则输出这个数. 执行结果为：1 3 5 7 9.

pass 语句是 Python 中的一个空语句，它什么也不做，只是作为占位符使用. 下面是一个使用 pass 语句的示例，循环打印一个空的图形.

```
for i in range(1, 6):
    for j in range(1, i+1):
        pass
    print("*")
```

在这个示例中，range(1, 6)用来生成一个包含 1~5 之间的整数的序列，外层循环遍历这个序列中的每个数，内层循环遍历 1 至当前数之间的整数，并使用 pass 语句占位，最终输出一个包含 5 个星号的图形. 执行结果为：*****.

## 2.5 函数

函数是 Python 编程的重要部分，可以提高代码的复用性和可读性，也可以实现复杂的算法和逻辑. 在 Python 中，函数是一段可重复使用的代码块，可以通过函数名来调用它. 函数在程序中的作用类似于数学中的

Python 面向
对象编程

函数，接收一个或多个输入参数，并且可能返回一个输出结果.

## 2.5.1　自定义函数

在 Python 中，可以使用 def 关键字定义函数，定义函数的基本语法如下：

```
def function_name(parameters):
    fuction_body
    return [expression]
```

其中，function_name 是函数名，可以是任何有效的 Python 标识符；parameters 是形式参数（简称形参）列表，在调用该函数时通过给形参赋值来传递调用值，形参可以由多个、一个或零个参数组成，当有多个参数时各参数以逗号分隔，圆括号是必不可少的，即使没有参数也不能没有它，括号外面的冒号也不能少；function_body 是函数体，表示函数每次被调用时执行的一组语句，可以由一组语句或多组语句组成，多组语句的函数体一定要注意缩进，函数体中可以有用于描述函数功能和使用方法的注释语句，函数体内容不可为空，可用 pass 来表示空语句；return 语句用于返回函数的输出结果，expression 是可选的表达式，表示函数的输出结果，函数返回值不是必需的，如果没有 return 语句，则 Python 默认返回 None.

示例：计算两个数之和的 Python 函数.

```
def add(x, y):
    """计算两个数之和"""
    result=x + y
    return result
```

在 Python 中，函数的参数分为两种类型：位置参数和关键字参数，下面分别介绍.

1. 位置参数

位置参数是最常见的函数参数类型，它们按照定义的顺序依次传递给函数. 以下是一个计算矩形面积的函数示例.

```
def rect_area(width, height):
    """计算矩形面积"""
    area=width * height
    return area
```

调用该函数时，必须按照定义的顺序传递两个参数.

```
area =rect_area(3, 4)
print(area)    #输出:12
```

2. 关键字参数

关键字参数是根据参数名来传递参数的，它们可以不按照定义的顺序传递给函数. 以下是一个计算三角形面积的函数示例.

```
def triangle_area(base, height):
    """计算三角形面积"""
    area=0.5 * base * height
    return area
```

调用该函数时，可以使用参数名来指定参数.

```
area=triangle_area(base=3, height=4)
print(area)    #输出:6.0
```

也可以按照定义的顺序传递参数，但是必须先传递位置参数，再传递关键字参数.

```
area=triangle_area(3, height=4)
print(area)    #输出:6.0
```

3. 函数返回值

在 Python 中，函数可以使用 return 语句返回一个或多个值，也可以不返回任何值. 以下是一个计算圆的面积和周长的函数示例.

```
def circle(radius):
    """计算圆的面积和周长"""
    area=3.14 * radius ** 2
    perimeter=2 * 3.14 * radius
    return area, perimeter
```

调用该函数时，可以使用一个变量接收返回的多个值：

```
area, perimeter=circle(2)
print("面积:", area)          # 输出:12.56
print("周长:", perimeter)    # 输出:12.56
```

## 2.5.2　变量作用域

在 Python 中，变量的作用域分为两种类型：全局作用域和局部作用域. 在全局作用域中定义的变量和函数可以在代码的任何位置访问. 局部作用域通常在函数内部定义，只在函数被调用时创建，函数执行完局部作用域后就会被销毁.

以下是一个使用全局作用域的函数示例.

```
count=0
def increment():
    """增加计数器的值"""
    global count
    count += 1
    print("计数器的值:", count)
```

调用该函数时,可以在函数内部使用 global 关键字来访问全局作用域.

```
increment()    #输出:计数器的值: 1
increment()    #输出:计数器的值: 2
increment()    #输出:计数器的值: 3
```

如果不使用 global 关键字,Python 会将 count 解释为局部作用域,从而导致程序出错.

以下是一个使用局部作用域的函数示例.

```
def print_name():
    """打印变量 name 的值"""
    name="Tom"
    print("姓名:", name)
```

调用该函数时,无法访问 name 作用域:

```
print_name()    #输出:姓名: Tom
print(name)     #报错:NameError: name 'name' is not defined
```

## 2.5.3　函数式编程

Python 是一种多范式的编程语言,其中包含了函数式编程范式. 函数式编程 (Functional programming) 是一种将计算过程看作函数之间的转换和组合的编程范式,强调函数的不可变性. 在 Python 中,函数式编程主要由 lambda、map、reduce、filter 四个函数的使用构成,下面分别予以介绍.

1. 匿名函数(lambda)

匿名函数也称为 lambda 函数,是一种没有名称的小函数. 在 Python 中,可以使用 lambda 关键字创建匿名函数,它们通常用于简单的函数操作,并且可以在需要函数作为参数传递的地方使用. 匿名函数的语法格式为:lambda arguments:expression,其中 arguments 为参数列表,expression 为函数体.

**例 29**　求两个数之和.

方法一:def 自定义函数求两个数之和.

```
def add(a, b):
    s=a + b
    return s
result=add(3, 5)
print(result)
```

方法二：匿名函数求两个数之和.

```
lambda_func=lambda a, b: a + b
result=lambda_func (3, 5)
print (result)
```

**例 30**  将列表 $[1, 2, 3, 4]$ 中的每个元素进行加 10.
方法一：def 自定义函数.

```
list01=[1, 2, 3, 4]
def func(x):
    return x + 10
def add_num(function, array):
    res=[]
    for i in array:
        res.append(function(i))
    return res
print(add_num(func, list01))
```

方法二：匿名函数代码演示.

```
list01=[1, 2, 3, 4]
def add_num(function, array):
    res=[]
    for i in array:
        res.append(function(i))
    return res
print(add_num(lambda x: x+10, list01))
```

上述两个示例表明，使用匿名函数明显比使用 def 自定义函数方便简洁，但是在使用匿名函数时要注意以下几点：

（1）一般就只有一行表达式，而且必须要有返回值；

（2）不能有 return；

（3）可以没有参数，也可以有一个或者多个参数；

（4）lambda 的主体是一个表达式，而不是一个代码块，仅仅能在 lambda 表达式中封装有限的逻辑进去；

（5）lambda 函数拥有自己的命名空间，且不能访问自己参数列表之外或全局命名空间里的参数.

2. map(function,iterable) 函数

map() 函数是 Python 中内置的高阶函数，它接收一个函数 function 和一个可迭代对象（如列表、元组等）iterable 作为输入，将函数 function 应用于可迭代对象 iterable 的每个元素，并返回一个由结果组成的新的迭代对象. 根据需要可以将新的可迭代对象转换为相应的数据类型进行输出.

**例 31**　计算列表中 $[1, 2, 3, 4, 5]$ 中每个元素的平方.

```
def square(x):
    return x ** 2
numbers=[1, 2, 3, 4, 5]
squared_numbers=map(square, numbers)
print(list(squared_numbers))   # 输出: [1, 4, 9, 16, 25]
```

**例 32**　将列表 $[1, 2, 3, 4]$ 中每个元素进行加 10.

```
old_list=[1, 2, 3, 4]
new_tuple=map(lambda x:x+10, old_list))
new_list=list(new_tuple)
print(new_list)
```

从上面示例中可以得到，我们在使用 map() 函数时，首先要定义一个函数，然后再用 map 命令将函数作用于列表中的每个元素，最后返回一个元组.

3. reduce(function, iterables) 函数

reduce() 是 Python 中的一个内置函数，来自 functools 模块，使用时需要通过 from fuctools import reduce 引入 reduce. reduce() 接收一个 function 和一个可迭代对象（如列表、元组等）iterables 作为输入，使用指定函数对可迭代对象中的元素进行累积计算，并返回最终结果.

**例 33**　求列表 $[1, 2, 3, 4]$ 中各元素之和.

```
from functools import reduce
add=reduce((lambda x, y: x + y), [1, 2, 3, 4])
print(add)
```

**例 34** 求列表 $[1, 2, 3, 4, 5]$ 中各元素之积.

```
from functools import reduce
def multiply(x, y):
    return x * y
numbers=[1, 2, 3, 4, 5]
product=reduce(multiply, numbers)
print(product)    #输出：120
```

**例 35** 计算 $n! = 1 \times 2 \times 3 \times \cdots \times n$.

```
from fuctools import reduce    #导入 reduce 函数
reduce(lambda x, y: x*y, range(1, n+1))
```

其中 range(1, n+1) 相当于给出了一个列表，元素是 1~n 个整数. lambda x, y: x * y 构造了一个二元函数，返回两个参数的乘积.

reduce 命令首先将列表的前两个元素作为函数的参数进行运算，将运算结果与第三个数字作为函数的参数，再将运算结果与第四个数字作为函数的参数……依此递推，直至列表结束，返回最终结果.

4. filter(function，iterables) 函数

filter() 是 Python 中的一个内置函数，它接收一个函数 function（处理方法）和一个可迭代对象 iterables（如列表、元组等）作为输入，根据函数的返回值筛选可迭代对象中的元素，并返回一个由满足条件的元素组成的新迭代对象，再根据需要将其转换为相应的数据类型进行输出.

**例 36** 筛选出列表 $[1, 2, 3, 4, 5, 6, 7, 8, 9, 10]$ 中的偶数元素.

```
>>>list_numbers=[1, 2, 3, 4, 5, 6, 7, 8, 9, 10]
>>>even_numbers=filter(lambda x: x % 2 == 0, list_numbers)
>>>print(list(even_numbers))
[2, 4, 6, 8, 10]
```

在上述代码中，我们定义了一个 lambda 函数：lambda x: x % 2 == 0，用来判断列表元素是否为偶数，然后将这个函数作用到列表 list_numbers 中的所有元素，如果为 True，则进行过滤操作，最后将所有偶数元素组成一个列表返回.

**例 37** 筛选出 range(10) 中大于 5 且小于 8 的所有元素.

```
>>>a=filter(lambda x: x > 5 and x < 8, range(10))
>>>b =print(list(a))
[6, 7]
```

在上述代码中，我们定义了一个 lambda 函数：lambda x: x > 5 and x < 8，用来

判断 x 是否大于 5 且小于 8，然后将这个函数作用到 range(10) 的每个元素中，如果为 True，则挑出那个元素，最后将满足条件的所有元素组成一个列表返回.

5. sorted(iterable[，key][，reverse])函数

对可迭代对象进行排序，并返回一个新的已排序的列表. 代码如下：

```
>>>numbers=[5, 2, 1, 4, 3]
>>>sorted_numbers=sorted(numbers)
>>>print(sorted_numbers)
[1, 2, 3, 4, 5]
```

6. any(iterable) 函数

判断可迭代对象中是否存在至少一个为真的元素，只要有一个元素为真，即返回 True，否则返回 False.

```
>>>values=[0, False, None, '', [], 42]
>>>result=any(values)
>>>print(result)
True
```

7. all(iterable) 函数

判断可迭代对象中的所有元素是否都为真，只有所有元素都为真时，才返回 True，否则返回 False.

```
>>>values=[1, True, 'hello', [1, 2, 3]]
>>>result=all(values)
>>>print(result)
True
```

8. zip(*iterables) 函数

将多个可迭代对象的元素逐个配对，返回一个由元组组成的迭代器.

```
>>>names=['John', 'Mary', 'Peter']
>>>scores=[90, 85, 95]
>>>zipped_data=zip(names, scores)
>>>print(list(zipped_data))
[('John', 90), ('Mary', 85), ('Peter', 95)]
```

## 2.6　文件操作

在计算机中，文件是以二进制的形式存储在硬盘、U 盘、移动硬盘、光盘等存储

介质中的一段数据，包括普通文本文件和二进制文件．文件对象通常具有 name、closed 和 mode 属性，其提供了一系列方法来操作文件，包括打开、关闭、读取、写入和定位等．

## 2.6.1 文件的路径、打开和关闭

### 1. 文件路径

文件路径指明了文件在计算机中存储的位置．文件路径分为相对路径和绝对路径．相对路径指相对于程序文件的当前目录路径，绝对路径指文件在计算机上存储的路径．

文件路径的表示方式在不同的操作系统中是不同的．Windows 中使用的是反斜杠：E：\ Download \ cats. txt. 由于在 Python 中，反斜杠被视为转义字符，因此在 Windows 中使用反斜杠（\）表示路径时，在路径开头的单（双）引号前加上 r（例如：r'E：\ Download \ cats. txt'). linux 中使用的是正斜杠：/Download/cats. txt.

### 2. 打开文件

Python 可以通过内置函数 open()打开一个文件，并创建文件对象 File_Object. 只有创建文件对象后，用户才能对文件进行操作．其打开文件的语法格式：

File_Object=open (file, mode='r', encoding=None)

其中，各参数含义如下：
file：代表需要打开的文件名．
mode：表示文件的打开模式，默认为'r'，文件打开模式及其描述见表 2-3.
encoding：用于指定文件的编码方式，默认为'UTF-8'.

表 2-3 文件打开模式及其描述

| 模式 | 描述 |
| --- | --- |
| 'r' | 以只读方式打开文件（默认） |
| 'w' | 以写入方式打开文件，会覆盖文件原有内容 |
| 'a' | 以追加方式打开文件，会在文件末尾追加新内容 |
| 'x' | 以独占方式创建文件，如果文件已存在则会抛出异常 |
| 'b' | 以二进制模式打开文件 |
| 't' | 以文本模式打开文件（默认） |
| '+' | 可读写模式（可与其他模式一起使用） |

例如：在当前目录中以覆盖写的方式打开 tmp. txt 文件，将文本文件与程序文件存放在相同文件夹中（使用相对路径）．

```
>>>file_object=open('tmp. txt','w')
>>>print('output opening filename:', file_object.name)    #输出打开文件名称
```

上述代码执行后，在项目所在文件夹下创建了 tmp. txt 文件（如文件夹下没有该文件，则创建一个新文件），同时控制台输出结果为 output opening filename：tmp. txt.

3. 关闭文件

close()方法：用于关闭文件，并清除文件缓冲区里的信息，关闭文件后不能再进行写入. 语法格式如下：

```
File_Object.close()
```

如果给文件对象赋了一个新值，则系统会关闭原来文件. 以下代码演示了 close() 方法的具体应用.

```
>>>fo=open("foo. txt", "w")   #在当前目录中以覆盖写方式打开 foo. txt 文件
>>>print("文件名:", fo. name)   #打印文件名
>>>fo. close()   #关闭文件
```

上述代码表达了打开文件 foo. txt，打印输出文件名 foot. txt，关闭文件 foot. txt 的过程.

4. 文件对象属性

用 open()方法创建文件对象后，可以通过访问文件不同属性来获取已打开文件的状态、模式等. 表 2-4 列出了文件对象常用属性及其描述.

表 2-4　文件对象常用属性及其描述

| 属性 | 描述 |
| --- | --- |
| File. closed | 如果文件被关闭返回 True，否则为 False |
| File. mode | 返回文件打开访问模式 |
| File. name | 返回文件名 |

下述代码实例演示了如何获取文件对象属性.

```
>>>file_obj=open("python. txt", "wb")
>>>print ("Name of the file: ", file_obj. name)
    Name of the file: python. txt
>>>print ("Closed or not: ", file_obj. closed)
    Closed or not: False
>>>print ("Opening mode:", file_obj. mode)
    Opening mode: wb
>>> file_obj. close0
```

## 2.6.2 文件对象方法

除了打开和关闭这两种基本的文件操作外，Python 还提供了诸如文件读取、写入、定位等文件对象处理方法.

1. 文件基本读写

Python 中提供了 read()和 write()方法来实现对文件数据的基本读写. 文件读写过程包括打开文件和读写文件，其具体操作为：①通过 open()方法获得文件对象句柄；②通过 write()方法和 read()方法进行写入和读取数据.

**例 38** 通过 write()方法创建一个文本文件 cats.txt，该文件内容如下：

```
雪球
团团
花卷
卡卡
>>> with open("cats.txt", "w", encoding="UTF-8") as f:
        f.write("雪球 \ n 团团 \ n 花卷 \ n 卡卡")
```

运行结果如图 2-1 所示.

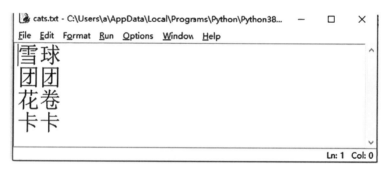

图 2-1

**例 39** 通过 read()方法从 cats.txt 中读取文件数据.

```
>>> with open("cats.txt", "r", encoding="UTF-8") as f:
        contents=f.read()
        print(contents)
```

在上述代码中：

（1）open()：打开文本文件 cats.txt（文件名'cats.txt'，表示相对路径，即 Python 在当前执行文件所在目录中查找并打开指定文本文件 cats.txt.），返回一个表示文件的对象 f.

（2）write()：可以对文件中写入一行内容（写入的字符串包含一个换行符），也可对文件中写入多行内容（写入的字符串包含多个换行符，可以达到写入多行的效果）.

（3）read（）：读取文件的全部内容，并将其作为一个长的字符串存储在变量 contents 中.

（4）关键字 with：其作用是在不需要访问文件后将其关闭. 因为在读取文件时，我们只是使用 open（）打开了文件，但并没有使用 colse（）关闭文件，而这时关键字 with 会在不需要访问文件时把文件关闭.

2. 文件按行读写

为了提高读写效率，Python 还提供了按行读写的方式，实现逐行数据处理. 文件按行读写涉及的主要方法有 readline（）、readlines（）和 writelines（）等.

（1）readline（）方法读取单独的一行，即从当前位置开始到一个换行符结束之前的所有字节，包括这个换行符.

（2）readlines（）方法用于一次读取所有行，然后将它们作为列表中的字符串元素的每一行返回. 此功能可用于小型文件，因为它将整个文件内容读取到内存中，然后将其拆分为单独的行. 我们可以遍历列表，并使用 strip（）方法删除换行符'\ n'.

（3）writelines（）方法可以把指定字符串列表写入文件.

**例 40** 逐行读取文件 cats. txt 内容.

```
>>>with open('cats. txt', 'r', encoding="UTF-8") as file:
        line1=file. readline()
        line2=file. readline()
        print(line1)
        print(line2)
```

**例 41** 一次性读取文件 cats. txt 内容.

```
>>>with open('cats. txt', 'r', encoding="UTF-8") as file:
lines=file. readlines()
for line in lines:
    print(line. strip())
```

**例 42** 将指定字符串列表写入文件 cats. txt 中.

```
>>>with open('cats. txt', 'w+', encoding="UTF-8") as file1:
file1. writelines(["圆圆 \ n", "花花 \ n", "草草 \ n"])
```

3. 文件指针

seek（）方法是 Python 中文件读写操作的一个函数，它可以移动文件读取指针到指定的位置，在没有调用 seek（）方法之前，文件的读取指针会指向文件的开头，调用 seek（）方法后，文件的读取指针会移动到指定的位置，从而改变文件读取的起始位置. 其语法格式如下：

```
f.seek(offset, from_what)
```

其中，f 是一个文件对象，offset 是指定的偏移量，from_what 表示从文件的哪个位置开始偏移，其可能的值有：0 表示从文件开头开始偏移，1 表示从当前位置开始偏移，2 表示从文件末尾开始偏移.

下述代码实例演示了如何使用 seek()方法.

```
>>>f=open("cats.txt", "r")
>>>f.seek(0, 0)    #将文件的读取指针移动到文件开头
>>>print(f.readline())    #读取文件的第一行
>>>f.seek(0, 2)    #将文件的读取指针移动到文件末尾
>>>print(f.readline())    #读取文件的最后一行
>>>f.close()
```

### 2.6.3 文件系统访问

os 是 operation system（操作系统）的缩写，os 模块提供了与操作系统进行交互的函数，使用之前，需要先将 os 模块引用出来（import os）. os 模块提供了一些基础的路径操作，os.path 模块提供了一些文件和目录的查询操作.

1. 操作系统名称

os.name：name 顾名思义就是"名字"，这里的名字是指操作系统的名字，主要作用是判断目前正在使用的平台，并给出操作系统的名字，如 Windows 返回 'nt'，Linux 返回 'posix'. 注意该命令不带括号.

```
>>>import os
>>>os.name
   'nt'
```

2. 当前工作目录

os.getcwd ()：得到当前工作目录，即当前 Python 脚本工作目录路径.

```
>>>import os
>>> os.getcwd()
'C: \\Users\\a\\AppData\\Local\\Programs\\Python\\Python38-32'
```

3. 列出文件和目录名

os.listdir (path)：列出 path 目录下所有的文件和目录名，返回的是列表类型，path 参数可以省略.

```
>>>import os
>>> os.listdir()
['1.py', 'cat.txt', 'cats.txt', 'DLLs', 'Doc', 'etc', 'images', 'include', 'Lib', 'libs', 'LI
CENSE.txt', 'NEWS.txt', 'python.exe', 'python3.dll', 'python38.dll', 'pythonw.exe', 'Scripts
', 'share', 'tcl', 'Tools', 'vcruntime140.dll']
```

### 4. 删除文件

os.remove(path)：删除指定目录下的文件，该参数不能省略.

```
>>> os.rename('test.txt','test.py')    #重命名文件
>>>os.remove('test.py')    #删除文件
```

### 5. 创建目录并判断是否存在

os.mkdir(path)：创建目录. os.path.exists(path)：判断一个目录是否存在.

```
>>> os.mkdir("new_prog")
>>> os.path.exists("new_prog")
True
>>>os.path.exists('.')  #检查路径是否存在
>>>os.path.isfile('.')  #检查路径是不是文件
>>>os.path.isdir('.')  #检查路径是不是目录
```

### 6. 改变工作目录

os.chdir(dirname)：改变工作目录到 dirname.

```
>>> os.chdir("new_prog")
>>> os.getcwd()
'C:\\Users\\a\\AppData\\Local\\Programs\\Python\\Python38-32\\new_prog'
```

### 7. 获取文件绝对路径

os.path.abspath(name)：获得文件所在绝对路径.

```
>>> import os
>>>print(os.path.abspath('.'))    #获取当前工作目录的绝对路径
>>>print(os.path.abspath('..'))    #获取上一层工作目录的绝对路径
>>> os.path.abspath("1.py")
'C:\\Users\\a\\AppData\\Local\\Programs\\Python\\Python38-32\\1.py'
```

### 8. 删除目录

os.rmdir(path)：删除 path 指定的目录，该参数不能省略. rmdir()只能删除空目

录，如果要删除的目录不为空，则会抛出异常.

9. 分割目录与文件名

os. path. split(path)：该函数可以把 path 表示的路径分割成目录名、文件名的元组形式，无论 path 是否真的存在.

```
>>>os. path. split(r"C: \ Python36 \ file. txt")
(r"C: \ Python36", r"file. txt")
```

10. 判断文件或目录

os. path. isfile(filepath)：校验路径是否为文件 . os. path. isdir(dirpath)：判断路径是否为目录 . os. path. isabs(path)：判断路径是否为绝对路径.

11. 获取文件大小

os. path. getsize(path)：获取文件大小，该函数返回文件的字节数，如果 path 路径不存在，则会报错.

## 2.6.4 文件数据处理

1. 按字节处理数据

按字节处理数据是一种常见的文件数据处理方法. 下述代码演示了如何在 while 循环中使用 read() 方法对每个字节进行读取.

```
>>> with open("cats. txt") as f:
        char=f. read(1)
        while char:
            print(char)
            char=f. read(1)
```

2. 使用文件迭代器

使用 for 循环迭代读取文件内容，可以每次循环读取其中一行内容，提高读取效率.

```
>>> with open("cats. txt", "r",encoding="UTF-8") as f:
        for line in f:
                print(line)
```

输出结果：

```
雪球
团团
花卷
卡卡
```

在上例中，同样使用了 open（）打开文本文件 cats. txt，不同的是，这里我们通过对文件对象执行 for 循环来遍历输出文件中的每一行数据信息. 但是运行结果中间出现了很多空白行，这些空白行是怎么来的呢？这是因为，在文本文件 cats. txt 中每行末尾都有一个看不见的换行符，而 print 语句也会加一个换行符，这样每行末尾就有 2 个换行符：一个来自文件 cats. txt，另外一个来自 print. 要消除换行符，可在 print 语句中调用 rstrip（）方法，如下所示：

```
>>> with open("cats. txt","r",encoding="UTF-8") as f:
        for line in f:
                print(line. rstrip())
雪球
团团
花卷
卡卡
```

## 2.6.5　结构化数据存储

Python 提供的文件读取方法 read（）只能返回字符串数据，对于数值类型的读取，需要借助 int（）等数值转换方法进行数值转换.

为了编写和保存复杂数据类型，Python 允许使用常用的数据交换格式 json（java script object notation）.

标准模块 json 可以接受 Python 数据结构，并将它们转换为字符串的表示形式，此过程称为序列化. 从字符串的表示形式重新构建数据结构称为反序列化.

以下代码演示了 json 模块的使用方法.

```
>>> import json
>>> json.dumps([1, 'simple', 'list'])   #返回 json 字符串
    '[1, "simple", "list"]'
>>> json.loads('[1, "simple", "list"]')   #返回值为列表
[1, 'simple', 'list']
>>>fp=open("test.json","w")
>>> json.dump([1, 'simple', 'list'],fp)   #序列化到 json 文件
>>> with open("test.json","r") as fp:
        json.load(fp)     #反序列化文件中的内容
[1, 'simple', 'list']
```

## 2.6.6　异常处理

在进行文件操作时，可能会出现各种异常. 比如，文件不存在、文件被占用、权限不足等. 因此，我们需要在操作文件时对异常进行处理，以避免程序因为出现异常导致

崩溃. 以下是一个读取文件时的异常处理的示例:

```
try:
    file=open('example. txt', 'r')
    content=file. read()
    print(content)
except IOError:
    print('文件不存在或无法打开文件')
finally:
    file. close()
```

在这个示例中,我们使用 try-except 语句来捕获可能出现的 IOError 异常,并在 finally 块中关闭文件.

[动手实践]

新建一个包含多行内容的文本文件,将这个文件存储到程序所在的文件夹中,运用所学编写一个程序读取文件,依次输出整个文件内容,遍历输出各行内容,将各行存储在一个列表中并输出.

## 2.7 模块和包

在 Python 语言中,模块和包是 Python 程序中用于组织代码的基本构建块. 模块是一个包含 Python 定义和语句的文件,可以用来组织 Python 程序的结构,方便进行模块间的交互和调用. 而包是一个模块的集合,可以将多个模块的功能组合到一起,同时还可以包含其他子包. Python 标准库中的模块和包是按照模块的功能和作用进行分类和组织的,以方便用户查找和使用.

### 2.7.1 基本概念

1. 模块

在 Python 中,模块是由 . py 文件构成的代码单元,使用模块可以提高代码的可维护性与复用性,还可以避免函数名和变量名的冲突. 模块是一种具有相对独立功能的文件集合. 一个模块包含了该模块的全部代码和函数,同时还包含了该模块可以使用的其他模块的代码和函数. 一般情况下,一个模块会包含一个或多个类(class),方便用户进行对象的创建和使用.

2. 包

在 Python 中,包可以看作由多个模块所组成的,一个分层次的目录结构,它将一组功能相近的模块组织在一个目录下. 包含_init_. py 文件的目录称为包(package),目录里通常不包含_init _. py 文件. 包是在 Python 标准库中定义的一种特殊类型的模块,可以通过 import 语句来引入和使用. Python 包可分为标准库包和第三方库包. 标准库包是 Python 内置的包，包含了一些基本的模块和函数，如 os、sys、random 等；第三方库包是第三方开发的包，通常提供了更加丰富和高级的功能.

3. 导入模块

Python 提供了两种导入模块的方法：import 和 from ... import. 下面是两种不同的导入模块的示例：

（1）import 导入模块.

```
>>>import math
>>>print(math.pi)
```

（2）from ... import 导入模块.

```
>>>from math import pi
>>>print(pi)
```

上述代码中，我们使用 import math 导入 math 模块，并使用 print(math.pi)输出圆周率常量 π 的值. 另外，我们也可以使用 from math import pi 语句直接导入圆周率常量 π，从而无需使用 math. 前缀.

4. 模块组合

有时候，我们需要将几个相关的模块结合在一起. Python 提供了两种方法来实现模块组合：import module1，module2 和 from module1 import func1，func2. 下面是两种不同的模块组合示例：

（1）import 导入多个模块.

```
>>>import math, random
>>>print(math.pi)
>>>print(random.randint(1, 10))
```

（2）from ... import 导入多个函数.

```
>>>from math import pi, sqrt
>>>from random importrandint
>>>print(pi)
>>>print(randint(1,10))
```

上述代码中，我们使用 import math，random 语句导入了 math 和 random 两个模块. 并使用 print(math.pi) 输出圆周率常量 π 的值，使用 print(random.randint(1，10))随机生成一个 1 到 10 之间的整数.

## 2.7.2 创建模块和包

1. 创建一个模块

假设我们创建了一个名为 math_module.py 的文件，其中包含了一个计算两个数相加的函数.

```
def add(x,y):
   return x + y
```

在另一个文件中，我们可以通过以下方式来导入这个模块：

```
>>import math_module
>>>result=math_module.add(2,3)
>>>print(result)
```

在这个例子中，我们使用了 import 语句来导入模块 math_module，并且调用了其中的 add 函数. 结果会输出 5.

除了使用 import 语句来导入整个模块，我们还可以使用 from 语句来导入模块中的特定函数或变量：

```
>>>from math_module import add
>>>result=add(2,3)
>>>print(result)
```

在这个例子中，我们只导入了 add 函数，并且可以直接使用这个函数，而不需要在调用时使用模块名.

2. 创建一个包

假设我们要创建一个名为 mypackage 的包，该包下有两个模块：一个名为 module1.py；另一个名为 module2.py. 为了让 Python 认识到这是一个包，我们需要在该文件夹下添加一个名为_init_.py 的空文件.

在使用这个包之前，我们需要将其加入 Python 的搜索路径中. 假设在同一个目录下，我们可以使用以下语句来将该包加入搜索路径：

```
>>>import sys
>>>sys.path.append('.')
>>>import mypackage.module1
>>>import mypackage.module2
>>>result1 =mypackage.module1.add(2, 3)
>>>result2 =mypackage.module2.multiply(2,3)
>>>print (result1, result2)
```

在这个例子中，我们首先将当前目录添加到 Python 的搜索路径中，然后导入 mypackage. module1 和 mypackage. module2 两个模块. 接着，我们使用这两个模块中的函数计算出结果，并且将结果打印出来.

## 2.7.3　math 和 random 模块

**1. math 模块**

math 模块是一个与数学计算相关的模块，包含了一些常用的数学函数和常数. 它提供了一些基本的数学计算，如三角函数、指数和对数函数、幂函数、常量等的计算.

用法：在使用 math 模块时，需要先导入该模块，然后通过模块名加函数名的方式调用相应的函数. 例如：

```
>>>import math
>>>print(math.sqrt(2))    ♯ 输出2的平方根
```

作用和功能：math 模块提供了一些常用的数学函数和常数，可以用于数学计算、科学计算、工程计算等领域. 常用的函数包括：

数学常数：包括 π（math. pi）、自然对数的底数 e（math. e）等.

三角函数：包括正弦函数（math. sin）、余弦函数（math. cos）、正切函数（math. tan）等.

反三角函数：包括反正弦函数（math. asin）、反余弦函数（math. acos）、反正切函数（math. atan）等.

对数函数：包括自然对数函数（math. log）、以 10 为底的对数函数（math. log10）等.

幂函数：包括自然指数函数（math. exp）、幂函数（math. pow）等.

其他函数：包括绝对值函数（math. fabs）、向上取整函数（math. ceil）、向下取整函数（math. floor）等.

举例说明：

```
import math
♯ 计算圆的面积
radius=5
area=math. pi * math. pow(radius, 2)
print(area)
♯ 计算角度为60度的正弦值
angle=60
sin_value=math. sin(math. radians(angle))
print(sin_value)
```

```
#计算2的自然对数
log_value=math.log(2)
print(log_value)
```

输出结果为：

```
78.53981633974483
0.8660254037844386
0.6931471805599453
```

2. random 模块

random 模块是用于生成伪随机数的模块. 伪随机数是指使用算法生成的看起来像是随机的数，但实际上是可以被预测的. random 模块提供了一些函数，用于生成不同类型和范围的随机数. random 模块中常用的函数和方法包括：

（1）random().

用于生成一个 0 到 1 的随机浮点数.

```
>>>import random
>>>print(random.random())
```

输出示例：

```
0.912344678
```

（2）randint(a, b).

用于生成一个指定范围内的随机整数，包括端点 a 和 b.

```
import random
print(random.randint(1, 10))
```

输出示例：

```
5
```

（3）uniform(a, b).

用于生成一个指定范围内的随机浮点数，包括端点 a 和 b.

```
import random
print(random.uniform(1, 10))
```

输出示例：

7.3546789

(4) choice（seq）.
从一个序列中随机选择一个元素.

```
import random
print(random.choice(['apple', 'banana', 'orange']))
```

输出示例：

orange

(5) shuffle（seq）.
用于将一个列表中的元素随机打乱.

```
import random
lst=[1, 2, 3, 4, 5]
random.shuffle(lst)
print(lst)
```

输出示例：

[3, 2, 5, 1, 4]

(6) sample（seq，k）.
从一个序列中随机选择 k 个元素，返回一个列表.

```
import random
lst=[1, 2, 3, 4, 5]
print(random.sample(lst, 3))
```

输出示例：

[2, 5, 1]

# 第3章 数学计算与可视化库

借助第三方库，我们可以简单高效地完成数学计算并进行可视化展示．本章依次介绍 NumPy 数值计算库、SymPy 符号计算库和 Matplotlib 可视化工具库．

## 3.1 NumPy 数值计算库

NumPy 就像是 Python 世界里的数学超级英雄，它拥有非常厉害的超能力（功能），如数组对象就是它的核心超能力．NumPy 数组可以是任意维度的，可以装下各种类型的数据，而且 NumPy 数组比原生的 Python 列表更快，更省内存．在处理数值数据时，它还具有灵活性和方便性的特点．

Pandas 库、
Scipy 库简介

想拥有这个数学超能力，我们要先安装 NumPy 库，然后使用命令来导入 NumPy：

```
import numpy as np
```

这里我们将 NumPy 的别名设置为 np．这其实是个普遍的惯例，在编程的时候就可以轻松地用 np 来引用 NumPy 库里的各种函数和属性．

### 3.1.1 NumPy 数据类型

NumPy 支持的数据类型比 Python 内置类型更为丰富，这些类型几乎与 C 语言的数据类型相互对应．NumPy 常用基本数据类型及其描述见表 3－1.

表 3－1 NumPy **常用基本数据类型及其描述**

| 名称 | 描述 |
|------|------|
| bool_ | 布尔型数据类型（Tru1 或 False） |
| int_ | 默认的整数类型（类似 C 语言中的 long、int32 或 int64） |
| intc | 与 C 语言的 int 类型一样，一般是 int32 或 int64 |
| intp | 用于索引的整数类型（类似 C 语言中的 ssize_t，一般情况下仍然是 int32 或 int64） |
| int8 | 字节（−128~127） |
| int16 | 整数（−32768~32767） |

| 名称 | 描述 |
|---|---|
| int32 | 整数（−2147483648～2147483647） |
| int64 | 整数（−9223372036854775808～9223372036854775807） |
| uint8 | 无符号整数（0～255） |
| uint16 | 无符号整数（0～65535） |
| uint32 | 无符号整数（0～4294967295） |
| uint64 | 无符号整数（0～18446744073709551615） |
| float_ | float64 类型的简写 |
| float16 | 半精度浮点数，包括 1 个符号位，5 个指数位，10 个尾数位 |
| float32 | 单精度浮点数，包括 1 个符号位，8 个指数位，23 个尾数位 |
| float64 | 双精度浮点数，包括 1 个符号位，11 个指数位，52 个尾数位 |
| complex_ | complex128 类型的简写，即 128 位复数 |
| complex64 | 复数，表示双 32 位浮点数（实数部分和虚数部分） |
| complex128 | 复数，表示双 64 位浮点数（实数部分和虚数部分） |

注：NumPy 的数值类型实际上是 dtype 对象的实例，并对应唯一的字符，包括 np. bool_，np. int32，np. float32，等等.

## 3.1.2　ndarray 对象

NumPy 最基本的武器库就是它的多维数组对象 ndarray. 它就像是一群同类型数据的大集合，其中的元素都有自己的索引，从 0 开始编号. 而且，每个元素在内存中都有一个固定大小的区域，不会占用太多空间.

NumPy 数组的维度就是它的秩（rank），也可以说是轴的数量. 想象一下，一维数组就是一组数据排成一排，所以它的秩就是 1. 而二维数组就相当于是两组一维数组拼在一起，它的秩就是 2，以此类推.

在 ndarray 的世界里，每个一维数组被称为一个轴（axis），也就是维度（dimensions）. 比如说，二维数组就是两个一维数组，而每个一维数组里的元素又是一个一维数组. 可以把第一个轴看作底层数组，而第二个轴就是底层数组里的数组. 由此可知，轴的数量就是数组的维数.

当然，我们还可以在操作的时候声明轴. 比如，axis＝0 表示按照第 0 轴，也就是对每一列进行操作. 而 axis＝1 则表示沿着第 1 轴，也就是对每一行进行操作. 它们就像是操作的坐标轴，告诉 NumPy 我们想要对哪个方向上的元素进行处理.

记住了轴和秩的概念，就能在 NumPy 的世界中轻松搞定各种数组操作！

### 3.1.3 数组的创建、属性和索引

1. 数组的创建

创建一个 NumPy 数组的最简单方法是使用 np. array()函数. 这个函数接受一个序列，例如一个列表或元组，并将其转换为 NumPy 数组. 如果传入多个嵌套的列表或元组，则可以创建多维数组.

**例 1** 使用 np. array()函数创建多维数组.

```
[python 代码]:exp3-1.py
import numpy as np
#创建包含3个元素的一维数组
a=np.array([1, 2, 3])
print("数组 a:",a)
#创建一个2×3的多维数组
b=np.array([[1, 2, 3], [4, 5, 6]])
print("数组 b: \ n",b)
结果输出如下:
数组 a:[1 2 3]
数组 b:
[[1 2 3]
 [4 5 6]]
```

除了直接使用 np. array()函数创建多维数组，还可以使用 arange()函数在给定区间内创建一系列均匀间隔的值形成数组. 方法如下：

numpy. arange(start, stop, step, dtype=None)

值所在的区间为 [start，stop)，这是一个半开半闭区间. step 步长用于设置值之间的间隔. 可选参数 dtype 可以设置返回多维数组的值类型.

linspace()函数也可以像 arange()函数一样，创建数值有规律的数组. linspace()函数用于在指定区间内返回间隔均匀的值. 其方法如下：

linspace(start, stop, num=50, endpoint=True, retstep=False, dtype=None)

start：序列的起始值.

stop：序列的结束值.

num：生成的样本数，默认值为 50.

endpoint：布尔值，如果为真，则最后一个样本包含在序列内.

retstep：布尔值，如果为真，返回间距.

dtype：数组的类型.

**例 2**　使用 arange()函数、linspace()函数创建数组.

```
[python 代码]:exp3-2.py
import numpy as np
＃在区间[3，7)中以0.5为步长新建数组
a=np.arange(3, 7, 0.5, dtype="float32")
＃在0～100之间生成等间隔的10个数
b=np.linspace(0, 100, 10, endpoint=False)
print("数组 a:",a)
print("数组 b:",b)
```

输出结果如下：

```
数组 a: [3.  3.5 4.  4.5 5.  5.5 6.  6.5]
数组 b: [0. 10. 20. 30. 40. 50. 60. 70. 80. 90.]
```

**2. 数组属性**

NumPy 数组中比较重要的 ndarray 对象属性及其说明见表 3-2.

表 3-2　ndarray **对象属性及其说明**

| 属性 | 说明 |
| --- | --- |
| ndarray.ndim | 秩，即轴的数量或维度的数量 |
| ndarray.shape | 数组的维度，对于矩阵，用 $n$ 行 $m$ 列表示 |
| ndarray.size | 数组元素的总个数，相当于 .shape 中 $n \times m$ 的值 |
| ndarray.dtype | ndarray 对象的元素类型 |
| ndarray.itemsize | ndarray 对象中每个元素的大小，以字节为单位 |
| ndarray.flags | ndarray 对象的内存信息 |
| ndarray.real | ndarray 元素的实部 |
| ndarray.imag | ndarray 元素的虚部 |
| ndarray.data | 包含实际数组元素的缓冲区，由于一般通过数组的索引获取元素，所以通常不需要使用这个属性 |

**3. 索引**

NumPy 数组的元素可以使用索引和切片进行访问. 与 Python 的列表一样，NumPy 数组的索引从 0 开始，对于多维数组，可以使用逗号分隔的索引来访问特定的元素.

**例 3**　简单索引访问数组成员.

```
[python 代码]:exp3-3.py
import numpy as np
a=np.array([1, 2, 3])
b=np.array([[1, 2, 3], [4, 5, 6]])
print(a[0])
print(b[0, 1]) #访问第一行第二列的元素
b[0,1]=5 #修改 b 中成员
print(b)
```

输出结果如下:

```
1
2
[[1 5 3]
[4 5 6]]
```

我们还可以使用整数数组和布尔数组来对数组进行索引.

**例 4** 整数数组和布尔数组索引.

```
[python 代码]:exp3-4.py
import numpy as np
a=np.array([1, 2, 3, 4, 5])
#整数数组索引
print(a[[0, 2, 4]])
#布尔数组索引
mask=np.array([False, True, True, False, True])
print(a[mask])
#布尔表达式索引
mask1=(a > 2) & (a < 5)
print(a[mask1])
```

输出结果如下:

```
[1 3 5]
[2 3 5]
[3 4]
```

## 3.1.4 广播机制

在进行元素级运算时,如果两个数组的形状不同,NumPy 会尝试广播它们以使它们具有相同的形状. 广播的规则如下:

（1）如果两个数组的维度不同，NumPy 将在较小的数组周围添加一个大小为 1 的维度，直到两个数组的维度相同.

（2）如果两个数组在某个维度上的大小不同，但其中一个数组的大小为 1，那么 NumPy 将对该数组进行重复，使其大小与另一个数组的大小相同.

（3）如果两个数组在某个维度上的大小不同，并且两个数组的大小都不为 1，那么 NumPy 将引发一个错误.

**例 5** 数组广播.

```python
[python 代码]:exp3-5.py
import numpy as np
a=np.array([[1, 2, 3], [4, 5, 6]])
b=np.array([10, 20, 30])
print(a + b)
```

输出结果如下：

```
[[11 22 33]
 [14 25 36]]
```

在这个例子中，我们对一个二维数组 a 和一个一维数组 b 进行了加法运算. 由于数组 b 的形状与数组 a 的一行相同，NumPy 将数组 b 沿着第一维进行广播，将其复制了两次，然后对两个数组进行了加法运算.

## 3.1.5 数组操作

### 1. 数组的变形

在对数组进行操作时，经常要改变数组的维度. 在 NumPy 中，常用 reshape() 函数改变数据的形状，也就是改变数组的维度. 其参数为一个正整数元组，分别指定数组在每个维度上的大小. reshape() 函数在改变原始数据形状的同时不改变原始数据的值. 如果指定的维度和数组的元素数目不吻合，则函数将抛出异常.

**例 6** reshape() 函数变换数组形状.

```python
[python 代码]:exp3-6.py
import numpy as np
#创建[0,..,5]的一维数组
a= np.arange(6)
print(a)
#变换 a 为2×3的多维数组
b=a.reshape(2,3)
print(b)
print(b.reshape(6,)) #变换为一维数组
```

输出结果如下：

```
[0 1 2 3 4 5]
[[0 1 2]
 [3 4 5]]
[0 1 2 3 4 5]
```

NumPy 还提供了很多数组变形和转换的函数，见表 3-3. 受篇幅所限，读者可自行测试效果.

表 3-3　数组变形和转换（假设数组为 a, b，相关操作维度是兼容的）

| 函数 | 功能 | 调用方式 |
|---|---|---|
| reshape | 改变数组的维度 | a. reshape（m, n, s）把 a 变成 m 个 n 行 s 列的数组，返回的是视图，a 本身不变 |
| resize | 改变数组的维度 | a. resize（m, n, s）把 a 变成 m 个 n 行 s 列的数组，没有返回，改变的是 a 数组 |
| c_ | 列组合 | c_[a, b]，构造分块数组 [a, b] |
| r_ | 行组合 | r_[a, b]，构造分块数组 $\begin{bmatrix} a \\ b \end{bmatrix}$ |
| ravel | 水平展开数组 | a. ravel()返回的是 a 的视图 |
| flatten | 水平展开数组 | a. flatten()返回的是真实数组，需要分配新的内存空间 |
| hstack | 数组横向组合 | hstack((a,b))，输入参数为元组（a, b） |
| vstack | 数组纵向组合 | vstack((a,b)) |
| concatenate | 数组横向或纵向组合 | concatenate((a,b)，axis=1)，同 hstack<br>concatenate((a,b)，axis=0)，同 vstack |
| dstack | 深度组合，如在一幅图像数据的二维数组上组合另一幅图像数据 | dstack((a,b)) |
| hsplit | 数组横向分割 | hsplit(a,n)，把 a 平均分成 n 个列数组 |
| vsplit | 数组纵向分割 | vsplit(a,m)，把 a 平均分成 m 个行数组 |
| split | 数组横向或纵向分割 | split(a,n,axis=1)，同 hsplit(a,n)<br>split(a,n,axis=0)，同 vsplit(a,n) |
| dsplit | 沿深度方向分割数组 | dsplit(a,n)，沿深度方向平均分成 n 个数组 |
| tolist | 把数组转换成 Python 列表 | a. tolist() |

2. 切片

很多时候，我们使用切片来访问数组的一个子集. 切片可以在各个维度上进行，每个维度上的切片操作采用［start：end：step］的形式，结果选择但不包括索引 end 对应的值. 注意以下几种简写形式：

选择前 $n$ 个成员：［:n］.

从第 $n$ 个成员开始取到末尾：［n:］.

逆序重置：［::−1］.

**例 7**　数组 a 切片.

```
[python 代码]:exp3-7.py
import numpy as np
a=np.array([[1, 2, 3], [4, 5, 6], [7, 8, 9]])
print(a[:2, :2]) #等同于[0:2:1,0:2:1],各维度上取前2个成员
print(a[1:, 1:]) #等同于[1:2:1,1:2:1],各维度上从第1个成员取到末尾
print(a[::2, ::2]) #各维度上取第0,2,4...个成员
```

输出结果如下：

```
[[1 2]
 [4 5]]
[[5 6]
 [8 9]]
[[1 3]
 [7 9]]
```

我们还可以使用整数数组来切片.

**例 8**　整数切片及转置.

```
[python 代码]:exp3-8.py
import numpy as np
a=np.array([1, 2, 3, 4, 5])
print(a[[1, 3]][::-1])
```

输出结果如下：

```
[4 2]
```

在例 8 中，我们先使用整数数组［1，3］对数组 a 进行切片，得到一个新的数组［2，4］，然后使用切片［::−1］对这个新数组进行反转，得到最终的结果［4，2］.

除了普通的切片之外，NumPy 还支持使用 np.s_() 函数创建切片对象来进行高级切片操作. 切片对象可以包含多个步长和维度信息，可以帮助我们更精细地控制切片操作.

**例 9** 使用切片对象进行数组切片.

```
[python 代码]:exp3-9.py
import numpy as np
a=np.array([[1, 2, 3], [4, 5, 6], [7, 8, 9]])
s=np.s_[::2, 1:]
print(a[s])
```

输出结果如下:

```
[[2 3]
 [8 9]]
```

在例 9 中,我们首先定义了一个二维数组 a,然后使用 np.s_() 函数创建了一个切片对象 s,这个切片对象包含了两个切片,第一个切片指示了行方向上每隔一行取一个元素,第二个切片指示了列方向上从第二列开始到末尾的所有元素. 最后,我们使用这个切片对象来对数组 a 进行切片,得到了一个新的数组[[2,3],[8,9]].

3. 元素添加与删除

append() 函数在数组的末尾添加值. 追加操作会分配整个数组,并把原来的数组复制到新数组中. 此外,输入数组的维度必须匹配,否则将产生错误 ValueError. append() 函数始终返回一个一维数组. 语法格式如下:

```
append(arr, values, axis=None)
```

arr:输入数组.

values:要向 arr 添加的值,需要和 arr 形状相同(除了要添加的轴).

axis:默认为 None. 当 axis 无定义时,是横向加成,返回总是为一维数组. 当 axis 为 0 时,数组是添加一个成员(列数要相同). 当 axis 为 1 时,数组是加在每个成员内部右边(行数要相同).

**例 10** 使用 append() 函数向数组添加元素.

```
[python 代码]:exp3-10.py
import numpy as np
a=np.array([[1,2,3],[4,5,6]])
print ('向数组添加元素:',np.append(a, [7,8,9]))
print ('沿轴0添加元素:\ n',np.append(a, [[7,8,9]],axis=0))
print ('向轴1添加元素:\ n',np.append(a, [[5,5,5],[7,8,9]],axis=1))
```

输出结果如下:

向数组添加元素:[1 2 3 4 5 6 7 8 9]
沿轴0添加元素:
[[1 2 3]
 [4 5 6]
 [7 8 9]]
沿轴1添加元素:
[[1 2 3 5 5 5]
 [4 5 6 7 8 9]]

使用 insert()函数可以在给定索引之前,沿给定轴在输入数组中插入值. 如果未提供轴,则输入数组会被展开. 语法格式如下:

insert(arr, obj, values, axis)

arr:输入数组.

obj:在其之前插入值的索引.

values:要插入的值.

axis:沿着它插入的轴,如果未提供,则输入数组会被展开.

**例 11**　用 insert()函数向数组插入值.

```
[python 代码]:exp3-11.py
import numpy as np
a=np.array([[1,2],[3,4],[5,6]])
print ('第一个数组:\n',a)
print ('\n 未传递 Axis 参数. 在插入之前输入数组会被展开. \n')
print (np.insert(a,3,[11,12]))
print ('\n 沿轴0插入:\n')
print (np.insert(a,1,[11],axis=0))    #按行插入
print ('\n 沿轴1插入:\n')
print (np.insert(a,1,11,axis=1)) #按列插入
```

输出结果如下:

第一个数组:
[[1 2]
 [3 4]
 [5 6]]
未传递 Axis 参数. 在删除之前输入数组会被展开.
[1  2  3  11  12  4  5  6]

```
沿轴0插入：
[[1   2]
[11  11]
[3   4]
[5   6]]
沿轴1插入：
[[1   11  2]
[3   11  4]
[5   11  6]]
```

delete()函数返回从输入数组中删除指定子数组的新数组. 与 insert()函数的情况一样，如果未提供轴参数，则输入数组将展开. 语法格式如下：

```
delete(arr, obj, axis)
```

arr：输入数组.

obj：可以被切片，整数或者整数数组，表明要从输入数组删除的子数组.

axis：沿着它删除给定子数组的轴，如果未提供，则输入数组会被展开.

**例 12**　删除数组成员.

```
[python 代码]:exp3-12.py
import numpy as np
a=np.arange(12).reshape(3,4)
print ('第一个数组: \ n',a)
print ('\ n 未传递 Axis 参数. 在插入之前输入数组会被展开. \ n')
print (np.delete(a,5))
print ('\ n 删除第二列: \ n')
print (np.delete(a,1,axis=1))
print ('\ n 包含从数组中删除的替代值的切片: \ n')
a=np.array([1,2,3,4,5,6,7,8,9,10])
print (np.delete(a, np.s_[::2]))
```

输出结果如下：

```
第一个数组:
[[0  1   2   3]
[4  5   6   7]
[8  9  10  11]]
未传递 Axis 参数. 在插入之前输入数组会被展开.
[0  1  2  3  4  6  7  8  9  10  11]
```

删除第二列：

$$
\begin{bmatrix} 0 & 2 & 3 \\ 4 & 6 & 7 \\ 8 & 10 & 11 \end{bmatrix}
$$

包含从数组中删除的替代值的切片：$\begin{bmatrix} 2 & 4 & 6 & 8 & 10 \end{bmatrix}$

### 4. 数组的运算

NumPy 数组可以进行各种运算，包括加法、减法、乘法、除法和比较运算等．对于两个数组的运算，NumPy 将对它们的元素进行操作．也可以使用 sum()函数对整个数组进行运算．

**例 13**　数组算术运算及 sum()函数求和操作．

```python
[python 代码]:exp3-13.py
import numpy as np
a=np.array([1, 2, 3])
b=np.array([4, 5, 6])
print('数组 a+b:',a + b)
print('数组 a-b:',a - b)
print('数组 a 乘 b:',a * b)
print('数组 a 除以 b:',a/b)
print('数组 a 元素求和:',sum(a))
```

输出结果如下：

数组 a+b: [5 7 9]
数组 a-b: [-3 -3 -3]
数组 a 乘 b: [4 10 18]
数组 a 除以 b: [0.25　0.4　0.5]
数组 a 元素求和: 6

我们还可以对数组使用比较运算符．

**例 14**　数组的比较运算．

```python
[python 代码]:exp3-14.py
import numpy as np
a=np.array([1, 2, 3])
b=np.array([3, 2, 1])
print(a>2)
print(a<b)
```

输出结果如下：

```
[False    False    True]
[True    False    False]
```

在例 14 中，我们使用比较运算符<，它对原数组中每个元素都进行了比较操作，然后返回一个结果数组.

### 3.1.6 NumPy 数学函数

1. 三角函数

NumPy 提供了标准的三角函数：sin()、cos()、tan()，反三角函数 asin()、acos()、atan()等，这些函数的使用方法类似. 三角函数的结果可以通过 degrees()函数将弧度值转换为角度值.

**例 15** NumPy 中的三角函数及 degrees()函数.

```
[python 代码]:exp3-15.py
import numpy as np
a=np.array([0,30,45,60,90])
cos=np.cos(a*np.pi/180)   #求数组成员余弦
print ('含余弦值数组:',cos,'\n')
inv=np.arccos(cos)  #求数组成员反余弦
print ('反余弦:',inv,'\n')
print ('角度制单位:',np.degrees(inv))    #转化成角度值
```

输出结果如下：

```
含余弦值数组:[1.00000000e+00  8.66025404e-01  7.07106781e-01 5.00000000e-01  6.12323400e-17]
反余弦:[0.  0.52359878  0.78539816  1.04719755  1.57079633]
角度制单位:[0. 30. 45. 60. 90.]
```

2. 舍入函数

around()函数返回指定数字的四舍五入值，语法格式如下：

```
around(a,decimals)
```

a：数组.

decimals：舍入的小数位数. 默认值为 0. 如果为负，整数将四舍五入到小数点左侧的位置.

**例 16** around()函数四舍五入.

```
[python 代码]:exp3-16.py
import numpy as np
a=np.array([1.0,5.55, 123, 0.567, 25.532])
print (np.around(a))
print (np.around(a, decimals=1))
print (np.around(a, decimals=-1)) #保留整数
```

输出结果如下：

```
[  1.    6.  123.    1.   26.]
[  1.    5.6 123.    0.6  25.5.]
[  0.   10.120.    0.   30.]
```

numpy. floor()返回小于或者等于指定表达式的最大整数，即向下取整. numpy. ceil()
返回大于或者等于指定表达式的最小整数，即向上取整.

**例 17**　向下向上取整.

```
[python 代码]:exp3-17.py
import numpy as np
a=np.array([-1.7, 1.5, -0.2, 0.6, 10])
print (np.floor(a))
print (np.ceil(a))
```

输出结果如下：

```
[-2.  1. -1.  0. 10.]
[-1.  2. -0.  1. 10.]
```

## 3.1.7　NumPy 算术函数

NumPy 算术函数包含简单的加减乘除：add()、subtract()、multiply()和 divide().
需要注意的是：数组必须具有相同的形状或符合数组广播规则.

**例 18**　使用算术函数完成数组运算.

```
[python 代码]:exp3-18.py
import numpy as np
a=np.arange(9, dtype=np.float_).reshape(3,3)
print ('第一个数组:',a,'\ n')
b=np.array([10,10,10])
print ('第二个数组:',b,'\ n')
```

```
print ('两个数组相加:',np.add(a,b),'\ n')
print ('两个数组相减:',np.subtract(a,b),'\ n')
print ('两个数组相乘:',np.multiply(a,b),'\ n')
print ('两个数组相除:',np.divide(a,b))
```

输出结果如下:

```
第一个数组:[[0. 1. 2.]
 [3. 4. 5.]
 [6. 7. 8.]]
第二个数组:[10 10 10]
两个数组相加:[[10. 11. 12.]
 [13. 14. 15.]
 [16. 17. 18.]]
两个数组相减:[[-10. -9. -8.]
 [-7. -6. -5.]
 [-4. -3. -2.]]
两个数组相乘:[[0. 10. 20.]
 [30. 40. 50.]
 [60. 70. 80.]]
两个数组相除:[[0. 0.1 0.2]
 [0.3 0.4 0.5]
 [0.6 0.7 0.8]]
```

此外,Numpy 也包含了其他重要的算术函数. 其中,reciprocal()函数返回参数的倒数. power()函数将第一个输入数组中的元素作为底数,计算它与第二个输入数组中相应元素的幂. mod()函数计算输入数组中相应元素相除后的余数. remainder()函数也产生相同的结果.

**例 19** 数组元素求倒数、幂、余数.

```
[python 代码]:exp3-19. py
import numpy as np
a=np. array([0. 25, 1. 33, 1, 100])
b=np. array([10,100,1000])
c=np. array([1,2,3])
print ('reciprocal 函数求倒数:',np. reciprocal(a),'\ n')
print ('power 函数求幂:',np. power(b,c),'\ n')
print ('mod 函数求余数:',np. mod(b,c),'\ n')
print ('remainder 函数求余数:',np. remainder(b,c))
```

输出结果如下:

reciprocal 函数求倒数：$\begin{bmatrix} 4. & 0.7518797 & 1. & 0.01 \end{bmatrix}$

power 函数求幂：$\begin{bmatrix} 10 & 10000 & 1000000000 \end{bmatrix}$

mod 函数求余数：$\begin{bmatrix} 0 & 0 & 1 \end{bmatrix}$

remainder 函数求余数：$\begin{bmatrix} 0 & 0 & 1 \end{bmatrix}$

### 3.1.8　NumPy 多项式拟合

多项式拟合是指通过一些已知的数据点，来推断出一个多项式函数的形式，从而可以预测未知数据点的值．在 numpy 中，我们可以使用 polyfit() 函数来进行多项式拟合，其语法格式如下．

polyfit(自变量数组，函数值数组，最高次幂数 n)

该方法将会返回 $[p0, p1, \cdots, pn]$ 多项式系数．

**例 20**　多项式拟合．

```
[python 代码]：exp3-20.py
import numpy as np
#生成 x,y 轴坐标点
x=np.arange(1, 17, 1)
y=np.array([4.00, 6.40, 8.00, 8.80, 9.22, 9.50, 9.70, 9.86, 10.00, 10.20, 10.32, 10.42, 10.50, 10.55, 10.58, 10.60])
z1=np.polyfit(x, y, 3)  #用3次多项式拟合,z1为结果的多项式系数数值
p1=np.poly1d(z1)  #使用多项式系数生成公式
print(p1)  #在屏幕上打印拟合多项式
```

输出结果如下：

$$0.006245 \ x^3 - 0.2037 \ x^2 + 2.182 \ x + 2.572$$

## 3.2　SymPy 符号计算库

符号计算就像是让数学大神和计算机鬼才携手，用数学符号来破解数学表达式的秘密．SymPy 使用和我们手动计算时一样的符号，精确地计算代数表达式，不会给出任何近似的结果．SymPy 还能处理带有变量的表达式．

### 3.2.1　数字与符号

SymPy 有一个特殊的技能，它能处理有理数．有理数其实就是可以用两个整数（一个分子 $p$ 和一个非零分母 $q$）表示的分数 $p/q$，看下面的例子．

**例 21** SymPy 有理数和 Python 内置数据类型比较.

```
[python 代码]:exp3-21.py
from sympy import Rational #引入有理数模块
r1=Rational(1/10) #定义 r1 为有理数
r2=Rational(1/10)
r3=Rational(1/10)
val=(r1 + r2 + r3) * 3
print("有理数计算结果:",val)   #显示结果为一个分式
print("有理数求值:",val.evalf()) #用 evalf()转化求值
val2=(1/10 + 1/10 + 1/10) * 3 #使用 python 内置数据类型计算
print("python 常规计算结果:",val2)
```

执行结果如下:

```
有理数计算结果:32425917317067573/36028797018963968
有理数求值:0.900000000000000
python 常规计算结果:0.9000000000000001
```

由上述示例可以看到，当不使用有理数时，输出结果中会有精度方面的小误差.

Symbol 是 SymPy 库中最重要的类. 如前所述，符号计算是用符号完成的. 常用 Symbol()函数来定义符号，它的参数是一个包含可以分配给变量的符号的字符串.

**例 22** 创建符号表达式.

```
[python 代码]:exp3-22.py
from sympy import Symbol #引入符号计算模块
from sympy import pprint #引入 pprint()打印模块
x=Symbol('x')
y=Symbol('y')
s=Symbol('side') #符号可以包含多个字母
expr1=x**2+y**2
expr2=s**3
print(expr1) #直接输出多项式
pprint(expr2) #较美观地输出多项式
```

上面的示例赋予了变量 expr1 表达式 $x^2+y^2$，expr2 等同 $side^3$.

最后，我们用 SymPy 提供的 pprint()函数进行了较美观的打印输出，结果如下:

```
x**2+y**2
side³
```

我们还可以用 symbols() 函数一次定义多个符号. 参数字符串包含用逗号或空格分隔的变量名称. 或者采用更简洁的方法, 利用 SymPy 的 abc 子模块导入所有拉丁、希腊字母.

**例 23**　一次定义多个符号.

```
[python 代码]:exp3-23.py
from sympy import symbols
x,y,z=symbols("x,y,z") #定义符号变量 x,y,z
#利用 SymPy 的 abc 子模块导入所有拉丁、希腊字母为符号
from sympy.abc import *
#新建符号 x, y
from sympy.abc import x, y
```

注意: 希腊字母 (lambda) 是 Python 保留关键字, 当用户需要使用这个字母时, 请写成 lamda (不写中间的 'b').

## 3.2.2　基础函数

1. subs() 函数

subs() 函数实现对数学表达式的代入操作, 可以代入值也可以代入表达式. 该函数把第一个参数代入为第二个. 若要带入多个变量, 可以采用以下形式:

```
subs({变量1:值,变量2:值...})
```

**例 24**　多项式带入操作.

```
[python 代码]:exp3-24.py
from sympy import *
a,b,x=symbols("a b x")
expr1=a*a+2*a+5
expr2=(a+b)**2
print(expr1,"代入 a=x,结果:",expr1.subs(a,x))
print(expr1,"代入 a=5,结果:",expr1.subs(a,5))
print(expr2,"代入 b=a+b,结果:",expr2.subs(b,a+b))
print(expr2,"代入 a=2,b=3,结果:",expr2.subs({a:2,b:3}))
```

输出结果如下:

```
a**2 + 2*a + 5代入 a=x,结果: x**2 + 2*x + 5
a**2 + 2*a + 5代入 a=5,结果: 40
(a + b)**2代入 b=a+b,结果: (2*a + b)**2
(a + b)**2代入 a=2,b=3,结果: 25
```

2. sympify() 函数

sympify() 函数用于转换任意表达式为 SymPy 符号表达式. 普通的 Python 对象（例如整数、字符串等）也会转换为 SymPy 表达式. sympify() 函数采用以下参数：

（1）strict：默认为 False. 如果设置为 True，则仅转换已定义显式转换的类型. 否则会引发 SympifyError.

（2）evaluate：如果设置为 False，算术和运算符将被转换为它们的 SymPy 等效项，而不计算表达式.

**例 25** 用 sympify() 函数转换表达式.

```python
[python 代码]:exp3-25.py
from sympy import *
x=Symbol('x')
expr="x**2+3*x+2"
expr1=sympify(expr)  #转换字符串为表达式
print("expr1带入 x=2,结果:",expr1.subs(x,2))  #带入 x=2进行计算并输出
expr2="10/5+4/2"
print("strict 参数为 False:",sympify(expr2))  #strict 参数默认为 False
print(" evaluate 参数为 False:", sympify(expr2, evaluate=False))  # evaluate 为 False
```

输出结果如下：

```
expr1带入 x=2,结果: 12
strict 参数为 False: 4
evaluate 参数为 False: 10/5 + 4/2
```

由于转换在内部使用 eval() 函数，因此不应使用未经处理的表达式，否则会引发 SympifyError. 比如执行：

```
sympify("x***2")
```

引发 SympifyError：由于引发异常，表达式"无法解析'x***2'".

3. evalf() 函数

evalf() 函数将给定的数值表达式计算到给定的浮点精度，默认浮点精度最多为 15 位，最高可达 100 位. 该函数还采用 subs 参数作为符号数值的字典对象.

**例 26** evalf() 给定精度计算.

```
[python 代码]:exp3-26. py
from sympy import *
r,a,b=symbols('r a b')
expr1=pi*r**2
print("默认精度计算:",expr1. evalf(subs={r:5}))  # r=5
expr2=a/b
print("精度为20位:",expr2. evalf(20, subs={a:100, b:3})) #a=100,b=3
```

输出结果如下:

```
默认精度计算: 78.5398163397448
精度为20位: 33.333333333333333333
```

### 4. lambdify()函数

lambdify()函数将 SymPy 表达式转换为 Python 函数. 如果在大范围的数值上计算表达式,则 evalf()函数效率不高. lambdify()的作用类似于 lambda 函数,不同之处在于它将 SymPy 名称转换为给定数值库的名称,通常是 NumPy. 默认情况下,将对数学标准库中的实现进行转换.

表达式可能有多个变量. 在这种情况下,lambdify()函数的第一个参数是一个变量列表,然后是要计算的表达式. 如果要使用 numpy 库的数据类型,我们必须将其定义为 lambdify()函数的参数.

**例 27**　lambdify()函数用法.

```
[python 代码]:exp3-27. py
from sympy import *
import numpy as np
x,a,b=symbols('a b x')
expr=1/sin(x)
f=lambdify(x, expr) #expr 转换为函数 f,变量 x 为参数
print("代入 x=3. 14:",f(3. 14)) #将 x=3. 14代入 expr 计算
expr1=a**2+b**2
f=lambdify([a,b],expr1) #函数 f 有2个参数 a,b
print("代入 a=2,b=3:",f(2,3))　 #a=2,b=3,代入 expr 计算
f=lambdify([a,b],expr1, "numpy") #指定参数 a,b 为 numpy 支持的数据类型
l1=np. arange(1,6)　 # l1 为数组[1, 2, 3, 4, 5]
l2=np. arange(6,11) # l2 为数组[6, 7, 8, 9, 10]
print("代入 a,b 为 numpy 数组:",f(l1,l2))
```

输出结果如下:

```
代入 x=3.14: 627.8831939138764
代入 a=2,b=3: 13
代入 a,b 为 numpy 数组: [37  53  73  97  125]
```

在上述示例中，我们使用两个 numpy 数组 11 和 12 代入两个参数 a 和 b. 在 numpy 数组下，执行得非常快.

## 3.2.3 SymPy 逻辑表达式

布尔函数定义在 sympy.basic.booleanarg 模块. 可以使用标准 Python 运算符 &（And）、|（Or），~（Not）构建布尔表达式以及 >> 和 <<. 布尔表达式继承自 SymPy 核心模块中定义的 Basic 类.

1. BooleanTrue/BooleanFalse 函数

BooleanTrue/BooleanFalse 函数相当于核心 Python 中的 True/False. 它返回一个可以由 S. true /S. false 检索的单例.

**例 28** BooleanTrue/BooleanFalse 函数.

```
[python 代码]:exp3-28.py
from sympy import *
x=sympify(true)
y=sympify(false)
print(x, y, S. true, S. false)
```

上面的代码片段给出了以下输出：

```
(True, False, True, False)
```

2. Equivalent() 函数

Equivalent() 函数返回等价关系. 当且仅当 A 和 B 均为 True 或 False 时，Equivalent（A，B）为 True. 如果所有参数在逻辑上等价，则该函数返回 True. 否则返回 False.

**例 29** 逻辑等价判断.

```
[python 代码]:exp3-29.py
from sympy import *
from sympy. logic. boolalg import Equivalent
a,b,c=symbols('a b c')
a,b,c=(True, False, True)
print(Equivalent(a,b), Equivalent(a,c))
```

上面的代码片段给出了以下输出：

(False, True)

### 3. ITE() 函数

ITE() 函数充当编程语言中的 If then else 子句. 如果 A 为 True, ITE(A, B, C) 计算并返回 B 的结果, 否则返回 C 的结果. 所有参数必须是布尔值.

**例 30**　ITE() 函数.

```
[python 代码]:exp3-30.py
from sympy import *
from sympy.logic.boolalg import ITE
a,b,c=symbols('a b c')
a,b,c=(True, False, True)
print(ITE(a,b,c), ITE(a,c,b))
```

上面的代码片段给出了以下输出:

(False, True)

### 4. 常用逻辑函数

SymPy 中常用逻辑函数的功能及调用方式见表 3-4.

表 3-4　常用逻辑函数的功能及调用方式

| 函数 | 功能 | 调用方式 |
|---|---|---|
| And | 逻辑与, 模拟 & 运算符 | And(x, y), 参数 x, y 任何一个为 False, 则返回 False |
| Or | 逻辑或, 模拟 \| 运算符 | Or(x, y), 参数 x, y 任何一个为 True, 则返回 True |
| Not | 逻辑非, 模拟 ~ 运算符 | Not(x), 参数 x 为 False, 则返回 True, 如果参数 x 为 True, 则返回 False |
| Xor | 逻辑异或, 模拟 ^ 运算符 | Xor(x1, x2, x3, …), 如果有奇数个参数为 True 而其余为 False, 则返回 True, 如果有偶数个参数为 True 而其余为 False, 则返回 False |
| Nand | 逻辑非与 | Nand(x1, x2, x3, …), 参数中任何一个为 False, 则返回 True, 如果它们都为 True, 则返回 False. |
| Nor | 逻辑或非 | Nor(x1, x2, x3, …), 参数中任何一个为 True, 则返回 False, 如果它们都为 False, 则返回 True |

**例 31**　常用逻辑函数使用.

99

```
[python 代码]:exp3－31.py
from sympy import *
from sympy. logic. boolalg import *
x, y, a, b, c, d, e=symbols('x y a b c d e')
x=True
y=False
print('x=', x, 'y=', y)
print('And 结果:', And(x, y), '& 结果:', x&y)
print('Or 结果:', Or(x, y), '｜结果:', x｜y)
print('Not(x)结果:', Not(x))
print('Not(And(x, y))结果:', Not(And(x, y)), 'Not(Or(x, y))结果:', Not(Or(x,
y)))
print('Xor 结果:', Xor(x, y), '^结果:', x^y)
#True 参数的数量是奇数
a, b, c, d, e=(True, False, True, True, False)
print('a, b, c, d, e=', a, b, c, d, e)
print('奇数个 True 参数 Xor 操作结果:', Xor(a, b, c, d, e))
#True 参数的数量是偶数
a, b, c, d, e=(True, False, False, True, False)
print('a, b, c, d, e=', a, b, c, d, e)
print('偶数个 True 参数 Xor 操作结果:', Xor(a, b, c, d, e))
print('Nand(a, b, c)结果:', Nand(a, b, c), 'Nand(a, c)结果:', Nand(a, c))
print('Nor(a, b, c)结果:', Nor(a, b, c), 'Nor(a, c)结果:', Nor(a, c))
```

代码运行结果:

```
x= True, y= False
And 结果: False & 结果: False
Or 结果: True ｜ 结果: True
Not(x)结果: False
Not(And(x, y))结果: True Not(Or(x, y))结果: False
Xor 结果: True^结果: True
a, b, c, d, e= True, False, True, True, False
奇数个 True 参数 Xor 操作结果: True
a, b, c, d, e= True, False, False, True, False
偶数个 True 参数 Xor 操作结果: False
Nand(a, b, c)结果: True, Nand(a, c)结果: True
Nor(a, b, c)结果: False, Nor(a, c)结果: False
```

### 3.2.4　多项式简化与变形

1. 简化

SymPy 具有强大的简化数学表达式的能力. SymPy 中有许多函数可以执行各种简化. simple()函数是 SymPy 中的一个简化工具，属于 sympy. simplify 模块.

**例 32**　简化表达式 $\sin^2(x) + \cos^2(x)$.

```
［python 代码］:exp3-32. py
from sympy import *
x=Symbol('x')
expr=sin(x)**2 + cos(x)**2
print(simplify(expr))
```

上面的代码片段给出了以下输出:

```
1
```

2. 多项式展开

expand () 是 SymPy 中的简化函数之一，用于扩展多项式表达式. expand()函数会展开计算表达式. 调用 expand()函数时，表达式通常会变小.

**例 33**　展开表达式 $(a+b)^2, (a+b)(a-b)$.

```
［python 代码］:exp3-33. py
from sympy import *
a,b=symbols('a, b')
expr1=(a+b)**2
expr2=(a+b)*(a-b)
print(expand(expr1),'\ n')
print(expand(expr2))
```

上面的代码片段给出了与表达式 $a^2 + 2ab + b^2$ 和 $a^2 - b^2$ 等效的输出.

3. 因数分解

factor()函数将多项式分解为有理数上的不可约因式. factor()函数与 expand()函数相反. factor()函数返回的每个因子都保证是不可约的，factor_list() 函数返回更结构化的输出.

**例 34** 对多项式 $x^2z + 4xyz + 4y^2z$ 进行因式分解.

```
[python 代码]:exp3-34.py
from sympy import *
x,y,z=symbols('x,y,z')
expr=(x**2*z + 4*x*y*z + 4*y**2*z)
print(factor(expr))
print(factor_list(expr))
```

上面的代码片段给出了与表达式 $z(x + 2y)^2$ 等效的输出:

```
(1, [(z, 1), (x + 2*y, 2)])
```

4. 合并同类项

collect()函数收集一个表达式的附加项,该表达式与一个有理指数幂的表达式列表有关.

**例 35** 对多项式 $xy + x - 3 + 2x^2 - zx^2 + x^3$ 合并同类项.

```
[python 代码]:exp3-35.py
from sympy import *
x,y,z=symbols('x,y,z')
expr=x*y + x - 3 + 2*x**2 - z*x**2 + x**3
print(collect(expr, x))
```

上述代码中,对于多项式 $x^3 - x^2z + 2x^2 + xy + x - 3$,按 $x$ 幂次进行项合并,结果输出等效于多项式 $x^3 + (2 - z)x^2 + (y + 1)x - 3$.

5. 约分

cancel()函数对分式表达式的分子分母进行约分运算,同时除以它们的公因式,输出标准规范形式 $p/q$.

**例 36** 分式约分.

```
[python 代码]:exp3-36.py
from sympy import *
x=Symbol('x')
expr=1/x + (3*x/2 - 2)/(x - 4)
print(cancel(expr)) #约分化简
expr1=x**2+2*x+1
expr2=x+1
print(cancel(expr1/expr2)) #多项式除法
```

上述代码片段的输出如下:

```
(3*x**2 − 2*x − 8)/(2*x**2 − 8*x)
x + 1
```

### 6. 三角恒等式化简

使用 trigsimp()函数，可以三角恒等式简化数学表达式. 需要注意的是：SymPy 中反三角函数的命名约定是将 a 附加到函数名称的前面. 例如，反余弦称为 acos()函数.

**例 37**　三角函数化简.

```
[python 代码]:exp3−37.py
from sympy import *
from sympy. abc import x, y
expr=sin(x)**4 − 2*cos(x)**2*sin(x)**2+cos(x)**4
print(trigsimp(expr))
```

输出结果如下：

```
cos(4*x)/2 + 1/2
```

### 7. 幂结合

powsimp()是 SymPy 中的函数，用于简化冥次表达式. 可以通过更改 combine＝'base' 或combine＝'exp'使 powsimp()仅组合基数或仅组合指数. 默认情况下，当 combine='all'时，会尝试合并具有相同基数和指数的项. 如果 force 设置为 True，那么忽略此命令中前面的假设，相同的基将被组合化简.

**例 38**　化简多项式 $x^y x^z y^z$.

```
[python 代码]:exp3−38.py
from sympy import *
from sympy. abc import x,y,z
expr=x**y*x**z*y**z
print(powsimp(expr))
print(powsimp(expr, combine='base', force=True))
```

上述代码给出了与表达式 $x^{y+z} y^z$ 和 $x^y (xy)^z$ 等效的输出.

### 8. 组合数化简

使用 combsimp()函数可以简化涉及阶乘和二项式的组合表达式. SymPy 提供了 factorial()函数表示阶乘. 排列组合方面，binomial(x,y)表示从一组 x 个不同项目中选择 y 个项目的方法的数量. 它也经常写成 xCy.

**例 39** 化简多项式 $\dfrac{x!}{(x-3)!}$.

```
[python 代码]:exp3-39.py
from sympy import *
from sympy. abc import x, y
expr=factorial(x)/factorial(x - 3)
print(combsimp(expr))
print(combsimp(binomial(x+1, y+1)/binomial(x, y)))
```

上面的代码片段给出了与表达式 $x(x-1)(x-2)$ 和 $\dfrac{x+1}{y+1}$ 等效的输出.

9. 对数化简

logcombine() 函数使用对数作为参数并按以下规则将它们组合:

如果两者都是正数,则 $\log_a x + \log_a y = \log_a xy$.

如果 $x$ 为正且 $b$ 为实数,则 $b\log_a x = \log_a x^b$.

如果函数的参数 force=True,那么在没有其他假定的情况下,上述的假定都认为是满足的.

注意:SymPy 中的 log() 函数默认是自然对数 $\mathrm{Ln}x$.

**例 40** 化简 $a\ln x + \ln y - \ln z$.

```
[python 代码]:exp3-40.py
from sympy import *
from sympy. abc import x, y, z, a
expr=a*log(x) + log(y) - log(z)
print(logcombine(expr, force=true))
```

上面的代码片段给出了与表达式 $\ln\dfrac{x^a y}{z}$ 等效的输出.

## 3.2.5 导数

函数的导数是它相对于其中一个变量的瞬时变化率,即求函数在某一点的切线斜率. 我们可以使用 SymPy 包中的 diff() 函数以变量的形式求数学表达式的微分. 调用格式如下:

```
diff(表达式,变量)
```

也可以调用表达式的 diff() 方法,它的工作原理与 diff() 函数类似.

**例 41**　求表达式 $x\sin(x^2)+1$ 关于 $x$ 的导数.

```
[python 代码]:exp3-41.py
from sympy import diff, sin, exp
from sympy. abc import x, y
expr=x*sin(x*x)+1
print(diff(expr, x))
print(expr. diff(x)) #效果与前面代码一致
```

上面的代码片段给出了与表达式 $2x^2\cos(x^2)+\sin(x^2)$ 等效的输出.

如果要求高阶导数, 可在变量后传递一个数字.

示例: 求 $x^4$ 的 3 阶导数.

```
from sympy import diff
from sympy. abc import x
print(diff(x**4, x, 3))
```

上面的代码片段输出:

```
24x
```

还可以使用 Derivative 类创建未求值的导数. 它具有与 diff() 函数相同的语法. 要计算未求值的导数, 可以使用 doit() 方法.

**例 42**　利用 Derivative 类求导数.

```
[python 代码]:exp3-42.py
from sympy import diff, sin, exp, Derivative
from sympy. abc import x, y
expr=x*sin(x*x)+1
d=Derivative(expr)
print(d. doit())
```

上面的代码片段给出了与表达式 $2x^2\cos(x^2)+\sin(x^2)$ 等效的输出.

## 3.2.6　积分

SymPy 实现了计算表达式的定积分和不定积分的方法. integrate() 方法用于计算定积分和不定积分. 要计算不定积分或定积分, 只需在表达式后面传递变量. 形式如下:

（1）不定积分: integrate(表达式, 积分变量).

（2）定积分: integrate(表达式, (积分变量, 下界, 上界)).

**例 43**　计算积分 $\int(x^2+x+1)\mathrm{d}x$.

```
[python 代码]:exp3-43.py
from sympy import *
x,y=symbols('x y')
expr=x**2 + x + 1
print(integrate(expr, x))
```

上面的代码片段给出了与表达式 $\frac{1}{3}x^3 + \frac{1}{2}x^2 + x$ 等效的输出.

**例 44**  求定积分 $\int_0^\infty e^{-x^2}dx$.

```
[python 代码]:exp3-44.py
from sympy import *
x=symbols('x')
expr=exp(-x**2)
print(integrate(expr,(x,0,oo) ))
```

上面的代码片段给出了与表达式 $\frac{\sqrt{\pi}}{2}$ 等效的输出.

我们也可以传递多个限制元组来执行多重积分.

**例 45**  计算积分 $\int_0^\infty \int_0^\infty e^{-x^2-y^2}dxdy$.

```
[python 代码]:exp3-45.py
from sympy import *
x,y=symbols('x y')
expr=exp(-x**2 - y**2)
print(integrate(expr,(x,0,oo),(y,0,oo)))
```

上面的代码片段给出了与表达式 $\frac{\pi}{4}$ 等效的输出.

还可以使用 Integral 对象创建未计算积分，然后通过调用 doit() 方法对其进行计算.

**例 46**  计算积分 $\int \ln^2 x\,dx$.

```
[python 代码]:exp3-46.py
from sympy import *
x=symbols('x')
expr=Integral(log(x)**2, x)
print(expr.doit())
```

上面的代码片段给出了与表达式 $x\ln^2 x - 2x\ln x + 2x$ 等效的输出.

SymPy 还支持各种类型的积分变换，比如：拉普拉斯变换、傅里叶变换、正弦变换、余弦变换、hankel_transform 等.

这些变换函数在 sympy.integrals.transform1 模块中定义. 以下示例分别计算傅立叶变换和拉普拉斯变换.

**例 47** 对函数 $f(x) = e^{-x^2}$ 进行傅里叶变换.

```
[python 代码]:exp3-47.py
from sympy import fourier_transform, exp
from sympy.abc import x, k
expr=exp(-x**2)
print(fourier_transform(expr, x, k))
```

在 python shell 中执行上述命令时，将生成以下输出：

```
sqrt(pi)*exp(-pi**2*k**2)
```

这相当于 $\sqrt{\pi} \cdot e^{-\pi^2 k^2}$.

**例 48** 拉普拉斯变换.

```
[python 代码]:exp3-48.py
from sympy.integrals import laplace_transform
from sympy.abc import t, s, a
print(laplace_transform(t**a, t, s))
```

在 python shell 中执行上述命令时，将生成以下输出：

```
gamma(a+1)/(s*s**a)
```

### 3.2.7  求解器

SymPy 求解器能帮助我们求解方程. 由于符号＝和 == 在 Python 中被定义为赋值和相等运算符，因此它们不能用于制定符号方程. SymPy 提供 Eq() 函数来建立方程. 形式如下：

```
Eq(方程左部分,方程右部分)
```

示例：建立方程 $x = y$.

```
from sympy import *
x,y=symbols('x y')
Eq(x,y)
```

1. 解一元方程

SymPy 中的求解器模块提供了 solve() 函数和 solveset() 函数，其原型如下：

(1) solve(方程，待解变量).

(2) solveset(方程，待解变量，域).

默认情况下，域是 S.Complexes，可以使用 Interval() 函数规定解区间.

**例 49** 求解方程 $x^2 - 9 = 0$.

```
[python 代码]:exp3-49.py
from sympy import *
x=symbols('x')
solve(Eq(x**2,9),x) #用 Eq()函数创建公式 x²=9
#下面写法等同公式 x²-9=0,解区间[0,10]
print(solveset(x**2-9,x,Interval(0,10)) )
```

执行上述代码片段后获得以下输出：

```
[-3,3]
{3}
```

solveset 输出的是解的集合. 如果没有解决方案，则返回空集对象 EmptySet.

**例 50** 求解方程 $e^x = x$.

```
[python 代码]:exp3-50.py
from sympy import *
x=symbols('x')
print(solveset(exp(x),x))
```

执行上述代码片段后获得以下输出：

```
Emptyset
```

2. 解方程组

我们可以使用 linsolve() 函数来求解线性方程组.

**例 51** 求解方程组：$\begin{cases} x - y = 4 \\ x + y = 1 \end{cases}$.

```
[python 代码]:exp3-51.py
from sympy import *
x,y=symbols('x y')
print(linsolve([Eq(x-y,4),Eq( x + y ,1)], (x, y)))
```

执行上述代码片段后获得以下输出：

$\{(5/2, -3/2)\}$

linsolve()函数还可以用来求解以矩阵形式表示的线性方程.

**例 52**　以矩阵形式求解方程组：$\begin{cases} x - y = 4 \\ x + y = 1 \end{cases}$.

```python
[python 代码]:exp3-52.py
from sympy import *
a,b,x,y=symbols('a b x y')
a=Matrix([[1,-1],[1,1]])
b=Matrix([4,1])
print(linsolve([a,b], (x,y)))
```

如果执行上述代码片段，会得到以下输出：

$\{(5/2, -3/2)\}$

使用 nonlinsolve()函数，可以求解非线性方程组.

**例 53**　求解方程组 $\begin{cases} a^2 + a = 0 \\ a - b = 0 \end{cases}$.

```python
[python 代码]:exp3-53.py
from sympy import *
a,b=symbols('a b')
print(nonlinsolve([a**2 + a, a - b], [a, b]))
```

如果执行上述代码片段，会得到以下输出：

$\{(-1, -1), (0, 0)\}$

3. 解微分方程

首先，通过将 cls=Function 传递给 symbols 函数来创建一个未定义的函数. 要求解微分方程，可使用 dsolve()函数.

**例 54**　求解微分方程 $-f(x) + \dfrac{\mathrm{d}f(x)}{\mathrm{d}x} = \sin(x)$.

```
[python 代码]:exp3-54.py
from sympy import *
x=Symbol('x')
f=symbols('f', cls=Function) #现在 f(x)是未定义的函数了
#创建微分方程,f(x).diff(x)是 f(x)的微分
eqn=Eq(f(x).diff(x)-f(x), sin(x))
print(dsolve(eqn, f(x)))
```

上面的代码片段给出了与表达式 $f(x) = C \cdot \mathrm{e}^x - \dfrac{\sin(x)}{2} - \dfrac{\cos(x)}{2}$ 等效的输出.

### 3.2.8 SymPy 绘图

SymPy 使用 Matplotlib 库作为后端来渲染数学函数的 2D 和 3D 图像. 因此首先要确保 Matplotlib 在当前 Python 安装中可用. 绘图支持在 sympy.plotting 模块中定义. 绘图模块中存在以下功能:

(1) plot:二维线图.

(2) plot3d:3D 绘图.

(3) plot_parametric:2D 参数图.

(4) plot3d_parametric:3D 参数图.

1. 二维线图

plot()函数可绘制函数二维线图,它可以处理一个或多个 SymPy 表达式并支持多种绘图后端,例如 texplot、pyglet 或 Google 图表 API. 函数格式如下:

plot(函数表达式, 变量值域, 关键字参数)

其中,变量值域写法是:(变量名,min,max)

可以在 plot()函数中指定以下可选关键字参数.

(1) line_color:指定绘图线的颜色.

(2) title:要显示为标题的字符串.

(3) xlabel:要显示为 $x$ 轴标签的字符串.

(4) ylabel:要显示为 $y$ 轴标签的字符串.

如果未提及,自变量范围的默认值域为 $(-10, 10)$.

**例 55** $x$ 取值 $(-5, 5)$,绘制 $f(x) = x^2$ 的图像.

```
[python 代码]:exp3-55.py
from sympy.plotting import plot
from sympy import *
x=Symbol('x')
plot(x**2, (x,-5,5),line_color='red') #线条设为红色
```

以上代码输出结果如图 3-1 所示.

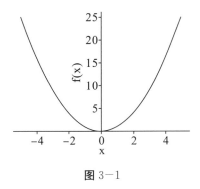

图 3-1

要为同一范围绘制多个图,请在范围元组之前给出多个表达式.

**例 56** 在一张图中绘制 $f(x)=\sin x$ 和 $f(x)=\cos x$ 图像.

```
[python 代码]:exp3-56.py
from sympy. plotting import plot
from sympy import *
x=Symbol('x')
plot( sin(x),cos(x), (x, -pi, pi))
```

以上代码输出结果如图 3-2 所示.

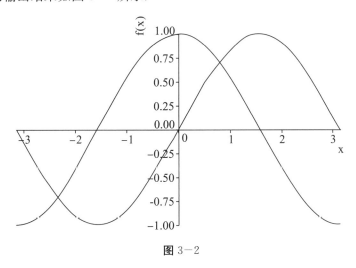

图 3-2

我们还可以为每个表达式指定单独的范围,格式如下:

```
plot((expr1, range1), (expr2, range2))
```

**例 57** 绘制不同范围内的 $f(x) = \sin x$ 和 $f(x) = \cos x$.

```
[python 代码]:exp3-57.py
from sympy. plotting import plot
from sympy import *
x=Symbol('x')
plot( (sin(x),(x, -2*pi, 2*pi)),(cos(x), (x, -pi, pi)))
```

以上代码输出结果如图 3-3 所示.

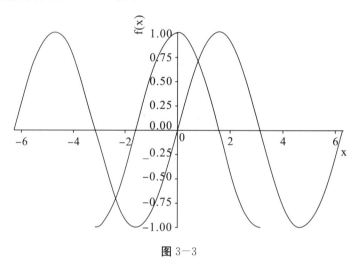

图 3-3

**例 58** 为例 57 添加标题，线条为红色.

```
[python 代码]:exp3-58.py
from sympy. plotting import plot
from sympy import *
x=Symbol('x')
plot( (sin(x),(x, -2*pi, 2*pi)),(cos(x), (x, -pi, pi)), line_color='red', title=
'SymPy plot example')
```

以上代码输出结果如图 3-4 所示.

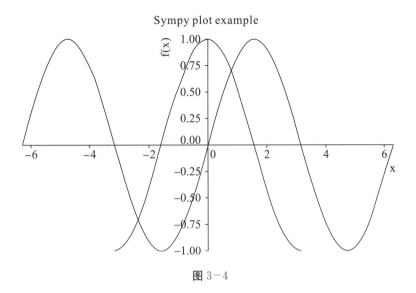

图 3-4

## 2. 3D 绘图

在 SymPy 中，我们可以用 plot3d() 函数渲染一个三维图形. 语法格式如下：

plot3d(expr, xrange, yrange, kwargs)

**例 59**　绘制函数 $z=xy$ 的图像，$x$，$y\in[-10，10]$.

```
[python 代码]:exp3-59.py
from sympy import*
from sympy. plotting import plot3d
x,y=symbols('x y')
plot3d(x*y, (x, -10,10), (y, -10,10))
```

以上代码输出结果如图 3-5 所示.

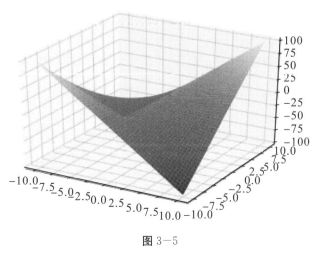

图 3-5

与 2D 绘图一样，3D 绘图也可以有多个绘图，每个绘图具有不同的范围.

**例 60** 绘制 $z=xy$ 和 $z=x/y$ 的图像，$x$，$y\in[-5,5]$.

```
[python 代码]:exp3-60.py
from sympy import*
from sympy. plotting import plot3d
x,y=symbols('x y')
plot3d(x*y, x/y, (x, -5, 5), (y, -5, 5))
```

以上代码输出结果如图 3-6 所示.

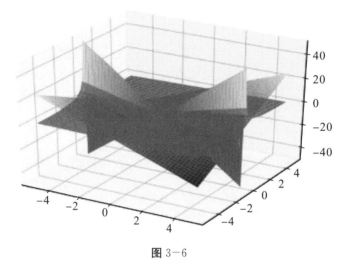

图 3-6

plot3d_parametric_line() 函数可用于绘制 3D 曲线图.

**例 61** 绘制 3D 曲线图.

```
[python 代码]:exp3-61.py
from sympy import*
from sympy. plotting import plot3d_parametric_line
x=symbols('x')
plot3d_parametric_line(cos(x), sin(x), x, (x, -5, 5))
```

以上代码输出结果如图 3-7 所示.

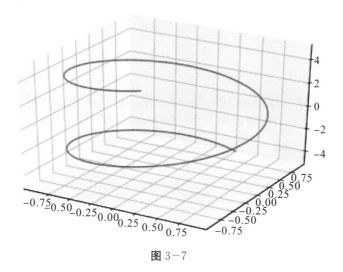

图 3−7

要绘制参数曲面图，使用 plot3d_parametric_surface()函数. 语法格式如下：

plot3d_parametric_surface(xexpr, yexpr, zexpr, rangex, rangey, kwargs)

**例 62** 绘制 3 个函数的曲面图.

```
[python 代码]：exp3−62. py
from sympy import*
from sympy. plotting import plot3d_parametric_surface
x, y=symbols('x y')
plot3d_parametric_surface(cos(x+y), sin(x−y), x−y, (x, −5, 5), (y, −5, 5))
```

以上代码输出结果如图 3−8 所示.

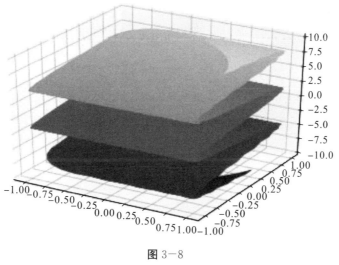

图 3−8

## 3.3 Matplotlib 可视化库

Matplotlib 是 Python 中最常用的绘图库之一，它提供了强大的绘图功能，可以用来绘制各种静态、动态、交互式的图表，包括线图、散点图、等高线图、条形图、柱状图、3D图，甚至是动画，等等. 本节将介绍 Matplotlib 的基本用法和常用的绘图函数.

### 3.3.1 Pyplot 基础库

Pyplot 是 Matplotlib 的基础库，能为用户绘制 2D 图表提供便利. Pyplot 包含一系列与绘图相关的函数，每个函数会对当前的图像进行一些修改，如给图像加上标记、生成新的图像、在图像中产生新的绘图区域等.

以下是一些常用的 Pyplot 函数：plot()用于绘制线图和散点图；scatter()用于绘制散点图；ar()用于绘制垂直条形图和水平条形图；hist()用于绘制直方图；pie()用于绘制饼图；imshow()用于绘制图像；subplots()用于创建子图.

除了这些基本的函数，Pyplot 还提供了很多其他的函数，例如用于设置图表属性的函数、用于添加文本和注释的函数、用于保存图表到文件的函数等.

我们常用 plot()来绘制点和线，语法格式如下：

plot([x], y, [fmt], *, data=None, **kwargs)

参数说明：

x, y：点或线的节点，x 为 x 轴数据，y 为 y 轴数据，数据可以是列表或数组.

fmt：可选，定义基本格式（如颜色、标记和线条样式）. 此参数的具体选项可参看 3.3.2 节相关内容.

**kwargs：可选，用在二维平面图上，设置指定属性，如标签、线的宽度等.

若要画多条线，可采用以下方式：

plot([x], y, [fmt], [x2], y2, [fmt2], ..., **kwargs)

**例 63** 通过两个坐标（0，0）到（6，100）绘制一条线.

```python
[python 代码]:exp3-63.py
import matplotlib. pyplot as plt
xpoints=[0, 6] #0,6是 x 轴坐标值
ypoints=[0, 100] #0,100是 y 轴坐标值
plt. plot(xpoints, ypoints)
plt. show() #用 show()方法显示
```

以上代码输出结果如图 3-9 所示.

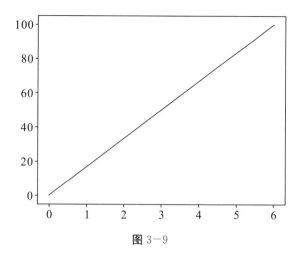

图 3-9

如果我们只想绘制坐标点，而不是一条线，可以使用 o 参数，它表示一个实心圈的标记. 如果我们不指定 $x$ 轴上的点，则 $x$ 会根据 $y$ 的值设置为 $0，1，2，3，\cdots，N-1$.

**例 64**　设置 $y$ 轴坐标序列为 $[3，2，5，10]$，则 $x$ 轴坐标默认设置为 $[0，1，2，3]$.

```
[python 代码]：exp3-64.py
import matplotlib. pyplot as plt
ypoints=[3,2,5,10]
plt. plot(ypoints) ♯只指定 y 轴坐标
plt. show()
plt. plot(ypoints,'o') ♯绘制坐标点而不是折线
plt. show()
```

以上代码输出结果如图 3-10 所示.

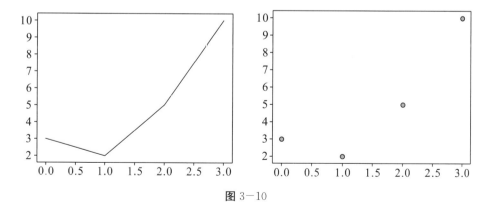

图 3-10

**例 65**　绘制一个正弦和余弦图. 在 plt. plot()参数中包含两对 x，y 值，第一对是 x，y，这对应于正弦函数，第二对是 x，z，这对应于余弦函数.

```
[python 代码]:exp3-65.py
import matplotlib.pyplot as plt
import numpy as np  #引入 numpy 库
x=np.arange(0,4*np.pi,0.1)  #生成 x 轴坐标序列,范围[0,4π],步长0.1
y=np.sin(x)    #生成正弦函数 y 轴坐标
z=np.cos(x)    #生成余弦函数 y 轴坐标
plt.plot(x,y,'b',x,z,'r')  #正弦画蓝色,余弦画红色
plt.show()
```

以上代码输出结果如图 3-11 所示.

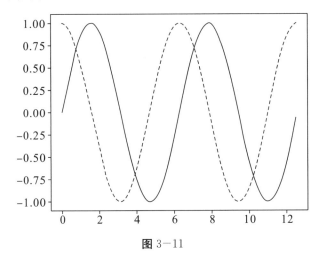

图 3-11

### 3.3.2 绘图标记和绘图线

plot()绘制的线图可以通过修改参数改变显示外观,下面介绍常用的参数及设置.

1. marker 参数

plot()方法的 marker 参数可以给图中的坐标点定义不同的标记样式,marker 的取值见表 3-5.

表 3-5  marker 取值表

| 标记 | 符号 | 描述 | 标记 | 符号 | 描述 |
|------|------|------|------|------|------|
| "." | ⬤ | 点 | "x" | ✕ | 乘号 |
| "," | · | 像素点 | "X" | ✖ | 乘号（填充） |
| "o" | ⬤ | 实心圆 | "D" | ◆ | 菱形 |
| "v" | ▽ | 下三角 | "d" | ◆ | 瘦菱形 |
| "∧" | ▲ | 上三角 | "｜" | ｜ | 竖线 |

续表

| 标记 | 符号 | 描述 | 标记 | 符号 | 描述 |
|---|---|---|---|---|---|
| "<" | ◁ | 左三角 | "_" | — | 横线 |
| ">" | ▷ | 右三角 | 0 (TICKLEFT) | — | 左横线 |
| "1" | Y | 下三叉 | 1 (TICKRIGHT) | — | 右横线 |
| "2" | 人 | 上三叉 | 2 (TICKUP) | \| | 上竖线 |
| "3" | ⊰ | 左三叉 | 3 (TICKDOWN) | \| | 下竖线 |
| "4" | ⊱ | 右三叉 | 4 (CARETLEFT) | ◁ | 左箭头 |
| "8" | ⬢ | 八角形 | 5 (CARETRIGHT) | ▷ | 右箭头 |
| "s" | ■ | 正方形 | 6 (CARETUP) | △ | 上箭头 |
| "p" | ⬠ | 五边形 | 7 (CARETDOWN) | ▽ | 下箭头 |
| "P" | ✚ | 加号（填充） | 8 (CARETLEFTBASE) | ◁ | 左箭头（中间点为基准） |
| " * " | ☆ | 星号 | 9 (CARETRIGHTBASE) | ▷ | 右箭头（中间点为基准） |
| "h" | ⬡ | 六边形 1 | 10 (CARETUPBASE) | △ | 上箭头（中间点为基准） |
| "H" | ⬡ | 六边形 2 | 11 (CARETDOWNBASE) | ▽ | 下箭头（中间点为基准） |
| "+" | ╋ | 加号 | "None"，" " or"" | | 没有任何标记 |
| '$…$' | *f* | 渲染指定的字符. 例如 "$f$" 以 字母 f 为标记 | | | |

**例 66** 绘制下箭头标记.

```
[python 代码]:exp3-66.py
import matplotlib. pyplot as plt
ypoints=[1,3,4,5,8,9,6,1,3,4,5,2,4]
plt. plot(ypoints, marker=11)
plt. show()
```

上述代码输出结果如图 3-12 所示.

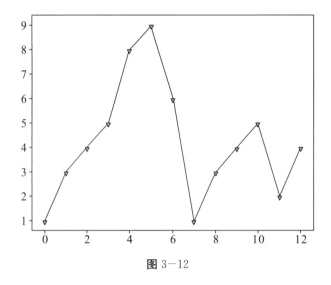

**图** 3-12

2. fmt 参数

plot() 的 fmt 参数定义了基本格式. 如标记、线条样式和颜色. 其代码格式如下：

fmt='[marker][line][color]'

marker 标记字符：'.' 点标记，',' 像素标记（极小点），'o' 实心圈标记，'v' 下三角标记，'∧' 上三角标记，'>' 右三角标记，'<' 左三角标记，等等.

color 颜色字符：'b' 蓝色，'m' 洋红色，'g' 绿色，'y' 黄色，'r' 红色，'k' 黑色，'w' 白色，'c' 青绿色，'#008000' RGB 颜色符串. 多条曲线不指定颜色时，会自动选择不同颜色.

line 线型参数：'-' 实线，'--' 破折线，'-.' 点划线，':' 虚线.

例如 fmt 字串'o:r'，o 表示实心圆标记，:表示虚线，r 表示颜色为红色.

**例 67** 绘制实心圆点标记的红色虚线.

```
[python 代码]:exp3-67.py
import matplotlib.pyplot as plt
ypoints=[6,2,13,10]
plt.plot(ypoints, 'o:r')
plt.show()
```

上述代码输出结果如图 3-13 所示.

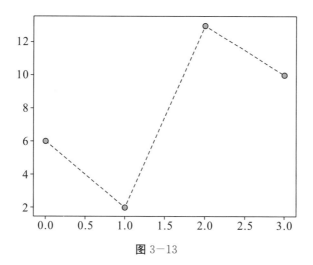

图 3-13

### 3. 标记的大小与颜色

我们可以自定义标记的大小与颜色，使用的参数分别是：

（1）markersize，简写为 ms：定义标记的大小.

（2）markerfacecolor，简写为 mfc：定义标记内部的颜色，可用形如'♯008000' 的 RGB 颜色符串.

（3）markeredgecolor，简写为 mec：定义标记边框的颜色，可用 RGB 颜色符串.

**例 68**　设置标记的大小和颜色.

```
[python 代码]:exp3-68. py
import matplotlib. pyplot as plt
ypoints=[6,2,13,10]
plt. plot(ypoints,marker='o',ms=20,mec='r',mfc='♯4CAF50')
plt. show()
```

上述代码输出结果如图 3-14 所示.

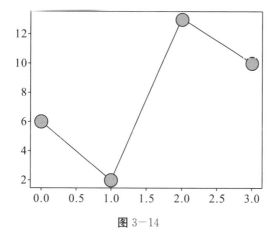

图 3-14

### 3.3.3 轴标签和标题

1. 添加轴标签和标题

我们可以使用 xlabel() 和 ylabel() 设置 x 轴和 y 轴的标签，使用 title() 设置标题。它们都提供了 loc 参数来设置标题显示的位置，其中，title() 和 xlabel() 可以设置 loc 参数为'left', 'right', 'center'，默认值为'center'；ylabel() 方法中的 loc 参数可以设置为'bottom', 'top', 'center'，默认值为'center'.

**例 69** 添加设置图片标题和轴标签.

```python
[python 代码]:exp3-69.py
import matplotlib.pyplot as plt
x=[1, 2, 3, 4]
y=[1, 4, 9, 16]
plt.plot(x, y)
plt.title("TEST TITLE",loc="right")
plt.xlabel("x - label",loc="right")
plt.ylabel("y - label",loc="top")
plt.show()
```

上述代码输出结果如图 3-15 所示.

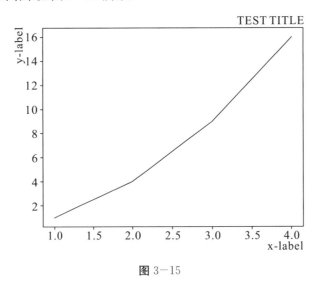

图 3-15

2. 中文显示

Matplotlib 默认情况不支持中文，可以使用以下方法解决. 使用系统中文字体，首先打印 font_manager 的 ttflist 中所有注册的字体名字，代码如下：

```
from matplotlib import pyplot as plt
import matplotlib
a=sorted([f. name for f in \
          matplotlib. font_manager. fontManager. ttflist])
for i in a:
    print(i)
```

在 ttflist 中找到中文字体，例如 Fangsong（仿宋），然后添加以下代码：

```
plt. rcParams['font. family']=['STFangsong']
```

此外还可以自定义字体的样式，如 xlabel()、ylabel()、title()方法中可以使用 fontdict 属性，通过 css 样式来设置字体样式.

css 样式

**例 70**　标题、轴名称显示中文，并设置样式.

```
[python 代码]:exp3-70. py
import matplotlib. pyplot as plt
plt. rcParams['font. family']=['Fangsong']  #使用系统仿宋字体
font1={'color':'blue','size':20}  #css 样式:蓝色,字体大小20
font2={'color':'red','size':15}    #css 样式:红色,字体大小15
x=[1,2,3,4]
y=[1,4,9,16]
plt. plot(x,y)
plt. title("一条曲线",loc="right",fontdict=font1)  #标题用 font1样式
plt. xlabel("x 轴",loc="right",fontdict=font2)    #x 轴名用 font2样式
plt. ylabel("y 轴",loc="top",fontdict=font2)      #y 轴名用 font2样式
plt. show()
```

上述代码输出结果如图 3-16 所示.

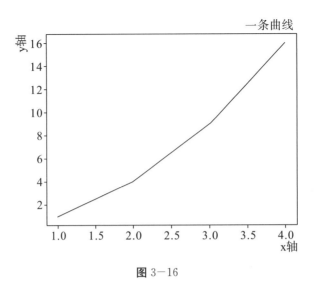

图 3-16

### 3.3.4 网格线

标题中公式
的显示

使用 Pyplot 中的 grid() 方法可以设置图表中的网格线. grid() 方法语法格式如下：

grid(b=None, which='major', axis='both', )

参数说明：

b：可选，默认为 None，可以设置布尔值，True 为显示网格线，False 为不显示，如果设置了**kwargs 参数，则值为 True.

which：可选，可选值有'major'、'minor'和'both'，默认为'major'，表示应用更改的网格线.

axis：可选，设置显示哪个方向的网格线，可以是取'both'（默认），'x'或'y'，分别表示两个方向，x 轴方向或 y 轴方向.

**kwargs：可选，设置网格样式，可选参数如下.

color（颜色）：'b' 蓝色，'m' 洋红色，'g' 绿色，'y' 黄色，'r' 红色，'k' 黑色，'w' 白色，'c' 青绿色，'#008000' RG1 颜色符串.

linestyle（样式）：' - ' 实线，' - - ' 破折线，' - .' 点划线，':' 虚线.

linewidth（宽度）：设置线的宽度，可以设置为数字.

**例 71** 添加 y 轴方向的网格线，网格线的样式：红色、破折线、宽度为 0.5.

```
[python 代码]:exp3-71. py
import matplotlib. pyplot as plt
x=[1,2,3,4]
```

```
y=[1,4,9,16]
plt. title("grid() Test")
plt. xlabel("x - label")
plt. ylabel("y - label")
plt. plot(x,y)
plt. grid(axis='x',color='r',linestyle='——',linewidth=0.5)
plt. show()
```

上述代码输出结果如图 3-17 所示.

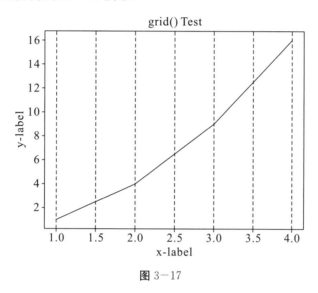

图 3-17

## 3.3.5　散点图

使用 Pyplot 中的 scatter() 方法可以绘制散点图. scatter() 方法语法格式如下：

scatter(x,y,s=None,c=None,marker=None,cmap=None,norm=None,vmin=None,vmax=None,alpha=None,linewidths=None,*,edgecolors=None,plotnonfinite=False,data=None,**kwargs)

参数说明：

x，y：长度相同的数组，也就是即将绘制散点图的数据点，输入数据.

s：点的大小，默认为 20，也可以是个数组，数组每个参数为对应点的大小.

c：点的颜色，默认为蓝色'b'，也可以是 RGB 值.

marker：点的样式，默认为小圆圈'o'.

cmap：Colormap，默认为 None，标量或者是一个 colormap 的名字，只有 c 是一个浮点数数组时才使用. 如果没有申明就是 image. cmap.

norm：Normalize，默认为 None，数据亮度在 0~1 之间，只有 c 是一个浮点数的数组时才使用.

vmin，vmax：亮度设置，在 norm 参数存在时会忽略.

alpha：透明度设置，0~1 之间，默认为 None，即不透明.

linewidths：标记点的长度.

edgecolors：颜色或颜色序列，默认为 'face'，可选值有 'face', 'none', None.

plotnonfinite：布尔值，设置是否使用非限定的 c（inf，−in11nan）绘制点.

**kwargs：其他参数.

**例 72** 使用随机数来生成和设置散点图.

```python
[python 代码]:exp3-72.py
import numpy as np
import matplotlib. pyplot as plt
np. random. seed(19680801) #设置随机数生成器的种子
N=5
x=np. random. rand(N) #随机生成 N 个数作为 x 坐标
y=np. random. rand(N) #随机生成 N 个数作为 y 坐标
colors=np. random. rand(N) #随机生成 N 个颜色值
area=(30 * np. random. rand(N))**2  #随机生成 N 个大小值
plt. scatter(x, y, s=area, c=colors, alpha=0.5) # 设置大小、颜色及透明度
plt. title("Scatter Test") # 设置标题
plt. show()
```

上述代码输出结果如图 3−18 所示.

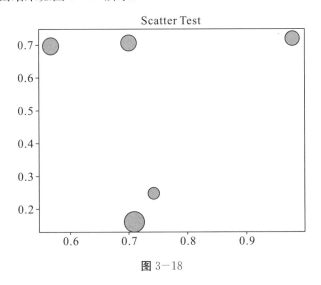

图 3−18

很多时候，我们需要使用颜色条展示图中所用到的颜色．颜色条就像一个颜色列表，其中每种颜色都有一个范围从 0 到 100 的值．

设置颜色条需要使用 scatter()方法的 cmap 参数，默认值为 'viridis'，再将颜色值设置为 0 到 100 的数组．如果要显示颜色条，需要使用 plt. colorbar()方法.

柱状图、饼图、热力图的绘制

**例 73**　散点图中显示默认颜色条.

```
[python 代码]：exp3-73. py
import matplotlib. pyplot as plt
import numpy as np
x=np. array([5,7,8,7,2,17,2,9,4,11,12,9,6])
y=np. array([99,86,87,88,111,86,103,87,94,78,77,85,86])
#颜色值设置为0-100的数组
colors=np. array([0, 10, 20, 30, 40, 45, 50, 55, 60, 70, 80, 90, 100])
plt. scatter(x, y, c=colors, cmap='viridis')
plt. colorbar()
plt. show()
```

上述代码输出结果如图 3-19 所示.

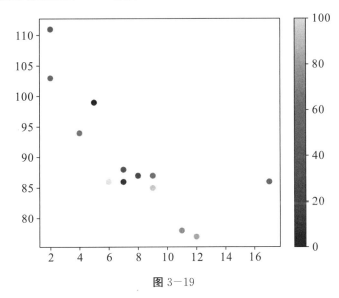

**图 3-19**

颜色条色系参数 cmap 可以采用以下内置颜色，见表 3-6.

表 3-6　cmap **参数颜色取值表**

| 颜色名称 | 保留关键字 |
| --- | --- |
| Accent | Accent_r |
| Blues | Blues_r |

| 颜色名称 | 保留关键字 |
|---|---|
| BrBG | BrBG_r |
| BuGn | BuGn_r |
| BuPu | BuPu_r |
| CMRmap | CMRmap_r |
| Dark2 | Dark2_r |
| GnBu | GnBu_r |
| Greens | Greens_r |
| Greys | Greys_r |
| OrRd | OrRd_r |
| Oranges | Oranges_r |
| PRGn | PRGn_r |
| Paired | Paired_r |
| Pastel1 | Pastel1_r |
| Pastel2 | Pastel2_r |
| PiYG | PiYG_r |
| PuBu | PuBu_r |
| PuBuGn | PuBuGn_r |
| PuOr | PuOr_r |
| PuRd | PuRd_r |
| Purples | Purples_r |
| RdBu | RdBu_r |
| RdGy | RdGy_r |
| RdPu | RdPu_r |
| RdYlBu | RdYlBu_r |
| RdYlGn | RdYlGn_r |
| Reds | Reds_r |
| Set1 | Set1_r |
| Set2 | Set2_r |
| Set3 | Set3_r |
| Spectral | Spectral_r |
| Wistia | Wistia_r |

续表

| 颜色名称 | 保留关键字 |
| --- | --- |
| YlGn | YlGn_r |
| YlGnBu | YlGnBu_r |
| YlOrBr | YlOrBr_r |
| YlOrRd | YlOrRd_r |
| afmhot | afmhot_r |
| autumn | autumn_r |
| binary | binary_r |
| bone | bone_r |
| brg | brg_r |
| bwr | bwr_r |
| cividis | cividis_r |
| cool | cool_r |
| coolwarm | coolwarm_r |
| copper | copper_r |
| cubehelix | cubehelix_r |
| flag | flag_r |
| gist_earth | gist_earth_r |
| gist_gray | gist_gray_r |
| gist_heat | gist_heat_r |
| gist_ncar | gist_ncar_r |
| gist_rainbow | gist_rainbow_r |
| gist_stern | gist_stern_r |
| gist_yarg | gist_yarg_r |
| gnuplot | gnuplot_r |
| gnuplot2 | gnuplot2_r |
| gray | gray_r |
| hot | hot_r |
| hsv | hsv_r |
| inferno | inferno_r |
| jet | jet_r |
| magma | magma_r |

| 颜色名称 | 保留关键字 |
|---|---|
| nipy_spectral | nipy_spectral_r |
| ocean | ocean_r |
| pink | pink_r |
| plasma | plasma_r |
| prism | prism_r |
| rainbow | rainbow_r |
| seismic | seismic_r |
| spring | spring_r |
| summer | summer_r |
| tab10 | tab10_r |
| tab20 | tab20_r |
| tab20b | tab20b_r |
| tab20c | tab20c_r |
| terrain | terrain_r |
| twilight | twilight_r |
| twilight_shifted | twilight_shifted_r |
| viridis | viridis_r |
| winter | winter_r |

## 3.3.6　等高线图

等高线图（水平图）是一种在二维平面上展现三维函数图像的方法. 等高线有时也被称为"Z 切片"，如果想要查看因变量 $Z$ 与自变量 $X$、$Y$ 之间的函数图像变化（即 $Z=f(X,Y)$），那么采用等高线图最为直观.

Matplotlib 提供了绘制等高线 contour() 与填充等高线 contourf() 的函数. 这两个函数都需要三个参数，分别是 $X$、$Y$、$Z$.

**例 74**　绘制函数 $z=\sqrt{x^2+y^2}$ 的等高线，并填充颜色.

```
[python 代码]:exp3-74.py
import numpy as np
import matplotlib.pyplot as plt
#创建 xlist、ylist 数组
```

```
xlist=np. linspace(−3.0, 3.0, 100)
ylist=np. linspace(−3.0, 3.0, 100)
#将上述数据变成网格数据形式
X, Y=np. meshgrid(xlist, ylist)
#定义 Z 与 X,Y 之间的函数关系
Z=np. sqrt(X**2 + Y**2)
fig,ax=plt. subplots(1,1)
#填充等高线颜色
cp=ax. contourf(X, Y, Z)
fig. colorbar(cp) # 给图像添加颜色柱
ax. set_title('Filled Contours Plot')
ax. set_xlabel('x (cm)')
ax. set_ylabel('y (cm)')
#画等高线
plt. contour(X,Y,Z)
plt. show()
```

代码执行后，输出结果如图 3−20 所示.

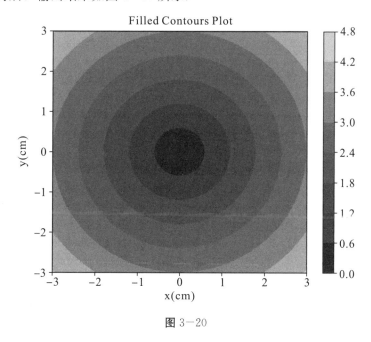

图 3−20

右侧的颜色柱（colorbar）表示 X 的取值，颜色越深表示值越小，中间深色部分的圆心点表示 X=0，Y=0，Z=0.

## 3.3.7 绘制多图

我们可以使用 Pyplot 中的 subplot()和 subplots()方法来绘制多个子图.

subplot()方法在绘图时需要指定子图位置，subplots()方法可以一次生成多个子图，在调用时只需要调用生成对象的 ax 即可.

（1）subplot()方法.

使用 subplot()方法可以在一张图里绘制多个子图. subplot()方法语法格式如下：

```
subplot(nrows, ncols, index, **kwargs)
```

整个绘图区域分成 nrows 行和 ncols 列，然后按从左到右、从上到下的顺序对每个子区域编号为 $1$，$2$，$\cdots$，$N$（左上的子区域的编号为 $1$，右下的区域编号为 $N$），编号可以通过参数 index 来设置.

**例 75** 以 $2\times2$ 的布局绘制四个曲线子图.

```python
[python 代码]:exp3-75.py
import matplotlib.pyplot as plt
#设置子图1:
x=[0, 6]
y=[0, 100]
plt.subplot(2, 2, 1) #区域2行2列,编号1代表第1行第1列
plt.plot(x,y)
plt.title("plot 1") #设置子图标题
#子12:
x=[1, 2, 3, 4]
y=[1, 4, 9, 16]
plt.subplot(2, 2, 2)    #区域2行2列,编号2代表第1行第2列
plt.plot(x,y)
plt.title("plot 2")
#子13:
x=[1, 2, 3, 4]
y=[3, 5, 7, 9]
plt.subplot(2, 2, 3)    #区域2行2列,编号3代表第2行第1列
plt.plot(x,y)
plt.title("plot 3")
#子14:
x=[1, 2, 3, 4]
y=[4, 5, 6, 7]
plt.subplot(2, 2, 4)    #区域2行2列,编号4代表第2行第2列
plt.plot(x,y)
plt.title("plot 4")
plt.suptitle("subplot Test") #设置图片整体标题
plt.show()
```

上述代码输出结果如图 3-21 所示.

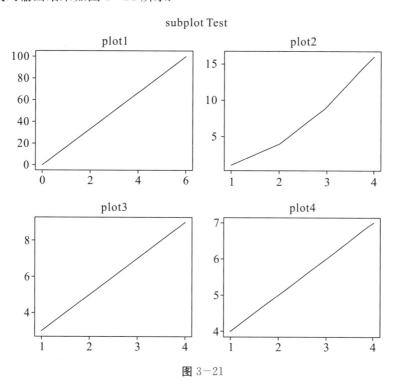

**图** 3-21

（2）subplots()方法.

subplots()方法可以用来一次性绘制、显示多张图，其语法格式如下：

subplots( nrows = 1, ncols = 1, *, sharex = False, sharey = False, squeeze = True, subplot_kw=None, gridspec_kw=None, **fig_kw)

参数说明：

nrows：默认为 1，设置图表的行数.

ncols：默认为 1，设置图表的列数.

sharex、sharey：设置 x、y 轴是否共享属性，默认为 False，可设置为'none'、'all'、'row'或'col'. False 或 None 表示每个子图的 x 轴或 y 轴都是独立的. True 或'all'表示所有子图共享 x 轴或 y 轴. 'row'用于设置每个子图行共享一个 x 轴或 y 轴，'col'用于设置每个子图列共享一个 x 轴或 y 轴.

squeeze：布尔值，默认为 True，表示额外的维度从返回的 Axes（轴）对象中挤出，对于 N×1 或 1*N 个子图，返回一个 1 维数组；对于 N*M 个子图，N>1 和 M>1 返回一个 2 维数组. 如果设置为 False，则不进行挤压操作，返回一个元素为 Axes 实例的 2 维数组，即使它最终是 1×1.

subplot_kw：可选，字典类型. 把字典的关键字传递给 add_subplot()来创建每个子图.

gridspec_kw：可选，字典类型. 把字典的关键字传递给 GridSpec 构造函数创建子图放在网格里（grid）.

**fig_kw：把详细的关键字参数传给 figure() 函数.

**例 76** 用多种坐标绘制 $y = \sin x^2$ 函数的线图和散点图.

```
[python 代码]:exp3-76.py
import matplotlib. pyplot as plt
import numpy as np
#生成函数 x,y 变量数值
x=np. linspace(0, 2*np. pi, 400)
y=np. sin(x**2)
#第一张图 f 创建两个子图 ax1,ax2
f, (ax1, ax2) =plt. subplots(1, 2, sharey=True)
ax1. plot(x, y) #线图
ax1. set_title('Sharing Y axis')
ax2. scatter(x, y) #散点图
#第二张图 fig 创建四个子图,采用极坐标,其中有2个子图空白未绘制
fig,axs=plt. subplots(2, 2, subplot_kw=dict(projection="polar"))
axs[0, 0]. plot(x, y)   #第一行第一列子图为曲线图
axs[1, 1]. scatter(x, y) #第2行第2列子图为散点图
plt. show()
```

第一张图的显示结果如图 3-22（a）所示，第二张图的显示结果如图 3-22（b）所示.

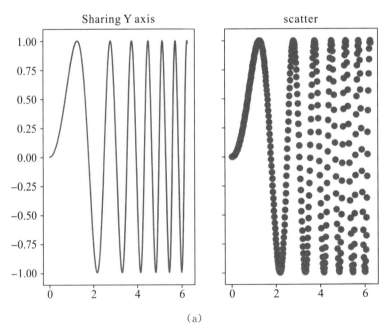

(a)

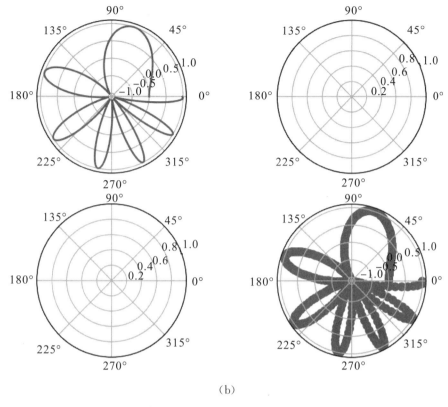

(b)

图 3-22

### 3.3.8　figure 类和 axes 类

通过前面的学习，我们知道 matplotlib.pyplot 模块能够快速生成图像，但如果使用面向对象的编程思想，可以更好地控制和自定义图像.

在 Matplotlib 中，面向对象编程的核心思想是创建图形对象（figure object），并通过该对象添加一个或多个 axes 对象（即绘图区域）. 通过图形对象来调用其他方法和属性，有助于更好地处理多个了图.

Matplotlib 提供了 matplotlib.figure 图形类模块，它包含了创建图形对象的方法. 通过调用 Pyplot 模块中 figure()函数来实例化 figure 对象. 其语法格式如下：

figure(figsize, dpi, facecolor, dgecolor, frameon)

参数值说明：

figsize：指定画布的大小（宽度，高度），单位为英寸.

dpi：指定绘图对象的分辨率，即每英寸多少个像素，默认值为 80.

facecolor：背景颜色.

dgecolor：边框颜色.

frameon：是否显示边框.

创建 figure 对象后,可以使用 add_axes()将 axes 轴域添加到画布中. Matplotlib 定义了 axes 类(轴域类),该类的对象被称为 axes 对象(即轴域对象),它指定了一个有数值范围限制的绘图区域. 在一个给定的画布(figure)中可以包含多个 axes 对象,但同一个 axes 对象只能在一个画布中使用. 2D 绘图区域(axes)包含两个轴(axis)对象;如果是 3D 绘图区域,则包含三个轴对象.

创建 axes 对象的语法格式如下:

$$add\_axes([left, bottom, wide, high])$$

add_axes()的参数值是一个序列,序列中的 4 个数字分别对应图形的左侧、底部、宽度和高度,且每个数字必须在 0 到 1 之间,代表画布宽度和高度的比例. 比如,$[0.1, 0.1, 0.8, 0.8]$,它代表从画布 10% 的位置开始绘制,宽度和高度分别为画布的 80%.

创建画布后,可以用 set_xlabel()和 set_ylabel()方法设置 x 轴和 y 轴的标签,用 set_title()方法设置图片标题. 最后,调用 axes 对象的 plot()方法,对 x 轴、y 轴坐标数组进行绘图操作.

**例 77** 用 figure 类绘制正弦函数图形.

```python
[python 代码]:exp3-77.py
from matplotlib import pyplot as plt
import numpy as np
import math
x=np.arange(0, math.pi*2, 0.05)  #生成 x 轴坐标点,间隔0.05
y=np.sin(x)  #计算 y 轴坐标点
fig =plt.figure()  #生成空 figure 对象 fig
ax=fig.add_axes([0.15,0.1,0.8,0.8])  #添加轴域
ax.plot(x,y)  #绘制图像
#设置 x,y 轴标签和图片标题
ax.set_title("sine wave")
ax.set_xlabel('angle')
ax.set_ylabel('sine')
plt.show()
```

上述代码输出结果如图 3-23 所示.

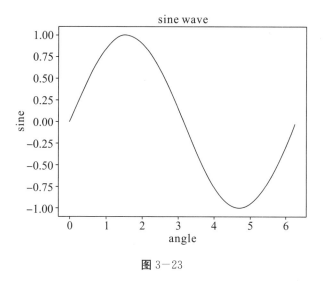

**图** 3－23

使用 axes 类的 legend()方法可以绘制图例,语法格式如下:

legend(handles, labels, loc)

参数说明:

handles:一个序列,它包含了所有线型的实例.

labels:一个字符串序列,用来指定标签的名称.

loc:指定图例位置的参数,其参数值可以用字符串或整数表示.

表 3－7 列出了 loc 参数的含义,分为字符串表示和整数数字表示两种.

表 3－7　loc **参数含义**

| 位置 | 字符串表示 | 整数数字表示 |
| --- | --- | --- |
| 自适应 | Best | 0 |
| 右上方 | upper right | 1 |
| 左上方 | upper left | 2 |
| 左下 | lower left | 3 |
| 右下 | lower right | 4 |
| 右侧 | right | 5 |
| 居中靠左 | center left | 6 |
| 居中靠右 | center right | 7 |
| 底部居中 | lower center | 8 |
| 上部居中 | upper center | 9 |
| 中部 | center | 10 |

**例 78** 以折线图展示电视、智能手机广告费与其所带来的产品销量的关系图. 其中描述电视（TV）的是带有黄色和方形标记的实线，而代表智能手机（Smartphone）的则是绿色和圆形标记的虚线.

```
［python 代码］:exp3-78. py
import matplotlib. pyplot as plt
y=[1, 4, 9, 16, 25,36,49, 64] #y 轴代表销量
x1=[1, 16, 30, 42,55, 68, 77,88] # TV 广告费投入
x2=[1,6,12,18,28, 40, 52, 65] #Smartphone 广告费投入
fig =plt. figure()
ax=fig. add_axes([0.1,0.1,0.8,0.8])
#使用简写的形式 color/标记符/线型
l1=ax. plot(x1,y,'ys-') #黄色和方形标记的实线
l2=ax. plot(x2,y,'go--') #绿色和圆形标记的虚线
ax. legend(labels=('TV', 'Smartphone'), loc='lower right') #右下角绘制图例
#设置 x,y 轴标签和图片标题
ax. set_title("Advertisement effect on sales")
ax. set_xlabel('medium')
ax. set_ylabel('sales')
plt. show()
```

上述代码输出结果如图 3-24 所示.

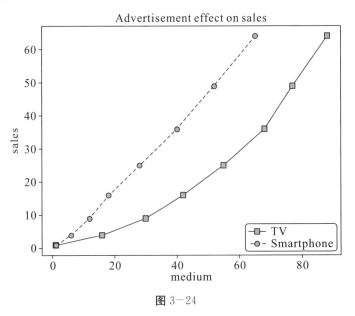

图 3-24

### 3.3.9　绘制 3D 图形

最初开发的 Matplotlib 仅支持绘制 2D 图形，后来又构建了一部分较为实用的 3D 绘图程序包，如 mpl_toolkits. mplot3d，通过调用该程序包的接口可以绘制 3D 线图、3D 散点图、3D 线框图、3D 曲面图等.

1. 3D 线图

要绘制 3D 线图，首先要创建一个三维绘图区域，axes（）方法提供了一个参数 projection，将其参数值设置为 3d. 如下所示：

```
axes(projection='3d')
```

有了三维绘图区域，接下来就要构建 $x$，$y$，$z$ 三轴的坐标数组，最后调用 plot3D（）方法绘制 3D 线图.

**例 79**　绘制 3D 线图.

```
[python 代码]:exp3-79. py
from mpl_toolkits importmplot3d    ＃引入3D绘图工具包
import numpy as np
import matplotlib. pyplot as plt
＃创建空画布
fig =plt. figure()
＃创建3d绘图区域
ax =plt. axes(projection='3d')
＃从三个维度构建
z=np. linspace(0, 1, 100) ＃ [0,1]区间生成100个值,作为z轴坐标
x=z * np. sin(20 * z) ＃计算x轴坐标
y=z * np. cos(20 * z) ＃计算y轴坐标
＃调用ax. plot3D创建三维线图
ax. plot3D(x, y, z, 'gray')
ax. set_title('3D line plot')
plt. show()
```

上述代码输出结果如图 3-25 所示.

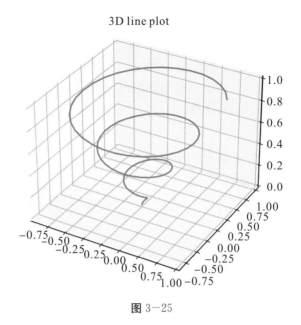

图 3-25

## 2. 3D 散点图

要绘制 3D 散点图，需要使用 scatter3D()函数，可根据（x，y，z）三元组类创建.

**例 80** 绘制 3D 散点图.

```
[python 代码]:exp3-80. py
from mpl_toolkits importmplot3d    ♯引入3D 绘图工具包
import numpy as np
import matplotlib. pyplot as plt
♯创建空画布
fig =plt. figure()
♯创建3D绘图区域
ax =plt. axes(projection='3d')
♯从三个维度构建
z=np. linspace(0, 1, 100) ♯ [0,1]区间生成100个值,作为 z 轴坐标
x=z * np. sin(20 * z) ♯计算 x 轴坐标
y=z * np. cos(20 * z) ♯计算 y 轴坐标
♯调用 ax. scatter3D 创建三维散点图
ax. scatter3D(x, y, z)
ax. set_title('3D scatter plot')
plt. show()
```

上述代码输出结果如图 3-26 所示.

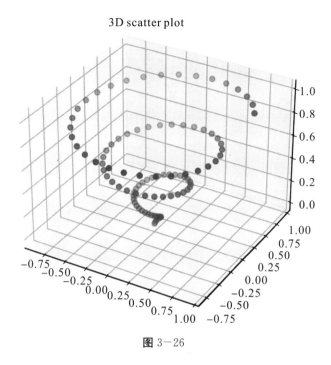

**图** 3-26

**3.** 3D 线框图

线框图可以将数据投影到指定的三维表面上，并输出可视化程度较高的三维效果图. 通过 plot_wireframe() 能够绘制 3D 线框图，该函数要求输入数据均采用二维网格式的矩阵坐标.

**例 81** 绘制 $z = x^2 + y^2$ 的 3D 线框图.

```
[python 代码]:exp3-81.py
from mpl_toolkits importmplot3d
import numpy as np
import matplotlib. pyplot as plt
#定义函数
def f(x, y):
    return (x**2 + y**2)
#准备 x,y 数据
x=np. linspace(-6, 6, 30)
y=np. linspace(-6, 6, 30)
#生成 x, y 网格化数据
X, Y=np. meshgrid(x, y)
#准备 z 值
Z=f(X, Y)
#绘制图像
```

```
fig = plt. figure()
ax = plt. axes(projection='3d')
# 调用绘制线框图的函数 plot_wireframe()
ax. plot_wireframe(X, Y, Z, color='black')
ax. set_title('wireframe')
plt. show()
```

上述代码输出结果如图 3-27 所示.

wireframe

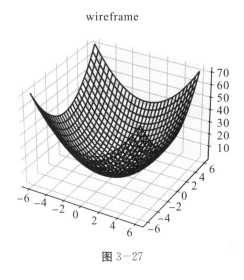

图 3-27

### 4. 3D 曲面图

曲面图表示一个指定的因变量 $y$ 与两个自变量 $x$ 和 $z$ 之间的函数关系. 3D 曲面图是一个三维图形，它类似于线框图. 不同之处在于，线框图的每个面都由多边形填充而成. Matplotlib 提供的 plot_surface() 函数可以绘制 3D 曲面图，该函数需要接受三个参数值 x, y 和 z.

**例 82** 绘制 $z = x^2 + y^2$ 的曲面图.

```
[python 代码]:exp3-82. py
from mpl_toolkits importmplot3d
import numpy as np
import matplotlib. pyplot as plt
# 定义函数
def f(x, y):
    return (x**2 + y**2)
# 准备 x,y 数据
x=np. linspace(-6, 6, 30)
```

```
y=np. linspace(-6, 6, 30)
#生成 x, y 网格化数据
X, Y=np. meshgrid(x, y)
#准备 z 值
Z=f(X, Y)
#绘制图像
fig =plt. figure()
ax =plt. axes(projection='3d')
#调用绘制曲面图的函数 plot_surface()
ax. plot_surface(X, Y, Z, cmap='viridis', edgecolor='none')
ax. set_title('Surface plot')
plt. show()
```

上述代码输出结果如图 3-28 所示.

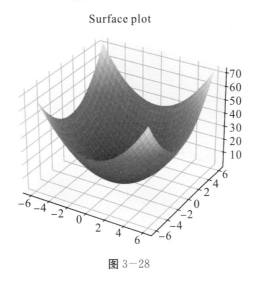

图 3-28

本章示例代码

# 第4章 极 限

## 4.1 函数的性质与图像

函数的单调性、奇偶性、周期性、有界性是函数的基本属性，了解函数的基本属性是研究函数其他性质的基础．函数的图像直观地展示了函数的基本属性，同时也是研究函数的连续性、可微性、可积性的重要工具．借助 Python 强大的画图功能，我们可以画出各种方程描述的曲线和曲面的图像，从而用数形结合的方法研究函数的性质．

### 4.1.1 函数的基本属性

一元函数简介

**例 1** 判断函数 $y = \sin x - \cos x + 1$ 的奇偶性和有界性，并求出其最小正周期和单调区间．

［实验方案］

（1）奇偶性：由于 $y = f(-x) = -\sin x - \cos x + 1$，所以函数不具有奇偶性．

（2）有界性：$y = \sin x - \cos x + 1 = \sqrt{2}\sin(x - \dfrac{\pi}{4}) + 1$，故函数有最大值 $\sqrt{2} + 1$，最小值 $1 - \sqrt{2}$，所以函数有界．

（3）周期性：由 $y = \sin x - \cos x + 1 = \sqrt{2}\sin(x - \dfrac{\pi}{4}) + 1$，可知函数有最小正周期 $2\pi$．

（4）单调性：根据正弦函数的单调性，可得函数的单调增范围为 $2k\pi - \dfrac{\pi}{2} \leqslant x - \dfrac{\pi}{4} \leqslant 2k\pi + \dfrac{\pi}{2}$，即增区间为 $\left[2k\pi - \dfrac{\pi}{4}, 2k\pi + \dfrac{3\pi}{4}\right](k \in \mathbf{Z})$．

同理可得减区间为 $\left[2k\pi + \dfrac{3\pi}{4}, 2k\pi + \dfrac{7\pi}{4}\right](k \in \mathbf{Z})$．

```
［python 代码］：exp4-1. py
import matplotlib. pyplot as plt    ＃导入 matplotlib. pyplot 记作 plt
from numpy import sin,cos
```

```
import numpy as np
x＝np. linspace(－10,10,500)      #设置 x 的范围
y＝sin(x)－cos(x)+1
plt. plot(x,y,x,0∗x,':')     #绘制图像,奇偶对称线 y＝0以虚线标识
plt. show()
```

上述代码输出结果如图 4－1 所示.

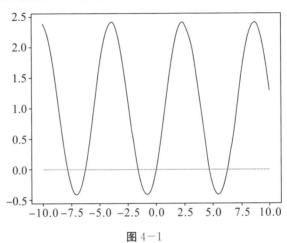

图 4－1

## 4.1.2　显函数的图像

**例 2**　画出 $u_n = 1 + (-1)^n/n$ 的图像，并观察数列值的变化趋势.
[实验方案]
采用列表法，见表 4－1.

表 4－1

| $n$ | 1 | 2 | 3 | 4 | 5 | 6 | 7 | ⋯⋯ |
|---|---|---|---|---|---|---|---|---|
| $u_n$ | 0 | $\frac{3}{2}$ | $\frac{2}{3}$ | $\frac{5}{4}$ | $\frac{4}{5}$ | $\frac{7}{6}$ | $\frac{6}{7}$ | ⋯⋯ |

从表 4－1 数据可以看出：数列值在 1 周围震荡变化，随着 $n$ 的增加，数列值逐渐趋于 1.

```
[python 代码]:exp4-2.py
from matplotlib import pyplot as plt
import numpy as np
n＝np. arange(1,20,1) # 定义 x 的范围
y＝1+(-1)∗∗n/n #定义函数
plt. scatter(n, y)  #绘制函数图形
plt. show()
```

上述代码输出结果如图 4-2 所示.

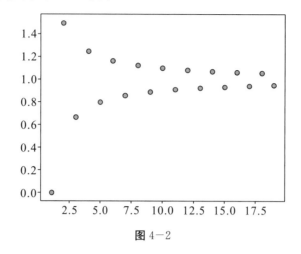

图 4-2

**例 3** 画出 $y = x(x-1)(x+1)$ 的图像.

[实验方案]

采用列表法. 在区间 $[-2,2]$ 内按照一定步长取网格点,重点作出函数图像与坐标轴的交点. 列表略.

```
[python 代码]:exp4-3.py
import matplotlib.pyplot as plt
import numpy as np
x=np.arange(-2,2,0.1) # 定义 x 的范围
y=x*(x-1)*(x+1)   # 定义函数
plt.plot(x, y)   # 绘制函数图形
plt.show()
```

上述代码输出结果如图 4-3 所示.

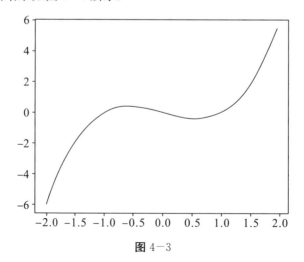

图 4-3

Python 不仅能够画出二维曲线的图像，还可以画出三维曲面的图像.

**例 4** 画出 $z = x^2 + y^2 + 1$ 的图像.

［实验方案］

采用列表法. 在正方形区域 $[-2,2] \times [-2,2]$ 内按照一定步长取网格点，重点作出函数图像与坐标轴的交点以及与坐标面的交线. 列表略.

```
[python 代码]:exp4-4.py
import numpy as np
import matplotlib.pyplot as plt
def f(x,y):      #定义函数
    z=(x**2+y**2+1)
    return z
x=np.linspace(-2*np.pi, 2*np.pi,100)    #给 x 赋值
y=np.linspace(-2*np.pi, 2*np.pi,100)
X,Y=np.meshgrid(x,y) #生成网格矩阵
Z=f(X,Y)
fig =plt.figure()
ax=fig.add_subplot(111, projection='3d')
ax.plot_surface(X,Y,Z)
plt.show()
```

上述代码输出结果如图 4-4 所示.

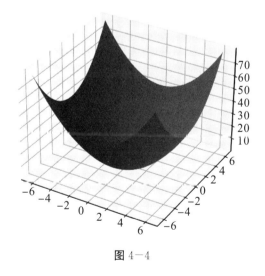

图 4-4

## 4.1.3 隐函数的图像

Python 还能够快速画出一元和多元隐函数的图像.

**例 5** 画出 $y = \sin(x + y)$ 的图像.

147

[实验方案]

采用列表法. 在区间 $[-2,2]$ 内按照一定步长取网格点. 列表略.

```
[python 代码]:exp4-5.py
from sympy import *
from sympy.plotting import *
x, y=symbols('x y')
eq=Eq(y, sin(x+y))
#x 取[-2,2]区间
plot_implicit(eq,(x,-2,2))
```

输出结果如图 4-5 所示.

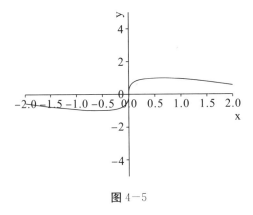

图 4-5

**例 6** 画出 $xyz = \mathrm{e}^z$ 的图像.

[实验方案]

采用列表法. 在正方形区域 $[-2,2] \times [-2,2]$ 内按照一定步长取网格点. 列表略.

```
[python 代码]:exp4-6.py
import numpy as np
import matplotlib.pyplot as plt
#生成坐标点,注意避开0值
x=z= np.linspace(-2,2,49)
#网格化 x,z 并计算 y 坐标
X,Z= np.meshgrid(x,z)
Y=np.exp(Z)/(Z*X)
#绘制3D 图像
fig =plt.figure()
ax=fig.add_subplot(111, projection='3d')
```

```
ax. plot_surface(X, Y, Z)
♯限定 y 轴显示区间
ax. set_ylim(−100, 100)
plt. show()
```

上述代码输出结果如图 4−6 所示.

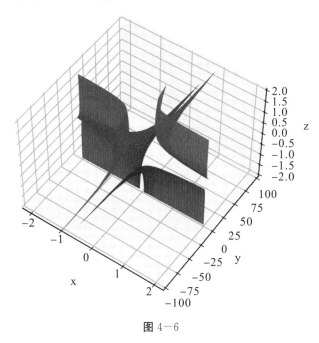

图 4−6

## 4.1.4 参量函数的图像

Python 也能够画出参量函数的图像.

例 7　画出 $\begin{cases} x = t^2, \\ y = 3t + t^3 \end{cases}$ 的图像.

[实验方案]

采用列表法. 参量 $t$ 在一定区域内取值，分别得到 $x$ 和 $y$ 的值. 列表略.

```
[python 代码]: exp4−7. py
import numpy as np
import matplotlib. pyplot as plt
t=np. linspace(−1, 1, 100)
x=t**2
y=3*t+t**3
plt. plot(x, y)
plt. show()
```

上述代码输出结果如图 4-7 所示.

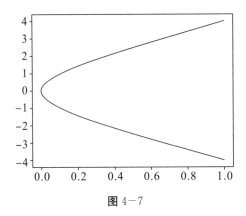

**图** 4-7

**例 8** 画出极坐标方程为 $r = 1 + \sin\theta$ 的曲线图像.

[实验方案]

采用列表法. $\theta$ 在 $[0, 2\pi]$ 内按照一定步长取值, 计算得到 $r$ 的值. 列表略.

```
[python 代码]:exp4-8. py
import numpy as np
import matplotlib. pyplot as plt
def f():
    t=np. linspace(0, 2*np. pi, 200)
    r=1+np. sin(t)
    return t, r
t, r=f()
ax =plt. subplot(111, projection='polar')
ax. plot(t, r)
plt. show()
```

上述代码输出结果如图 4-8 所示.

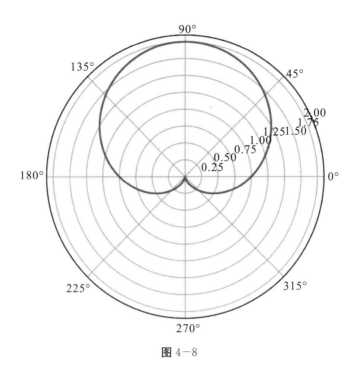

图 4-8

## 4.1.5　等值线（等高线）

等值线（等高线）是研究二元函数的重要工具，画出函数的等值线（等高线）将有助于分析函数值的变化趋势，从而能够比较深刻地理解微积分中梯度的概念.

**例 9**　画出函数 $z = (x^2 + 2y^2)\mathrm{e}^{1-x^2-y^2}$ 的等值线，并观察函数值的变化情况.

［实验方案］

$z$ 取不同值得到不同的等值线.

```
［python 代码］：exp4-9. py
import numpy as np
import matplotlib. pyplot as plt
def Z(x,y):    #定义函数
    rcturn (x**2+2*(y**2))*(np. exp(1-x**2-y**2))
x=np. arange(-3,3,0. 02)
y=np. arange(-3,3,0. 02)
X,Y=np. meshgrid(x,y)
Z=Z(X,Y)
C=plt. contour(X,Y,Z,colors='black',linewidths=1) #绘制等值线
plt. clabel(C)
plt. show()
```

上述代码输出结果如图 4-9 所示.

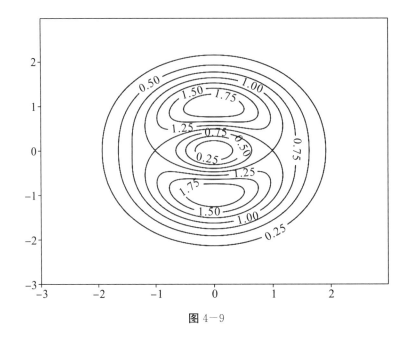

图 4—9

## 4.1.6 数据拟合

在实验中，实验和勘测常常会产生大量的数据. 为了解释这些数据或者根据这些数据做出预测、判断，给决策者提供重要的依据，就需要对测量数据进行拟合，从而寻找一个反映数据变化规律的函数，并根据函数进行预测和推断.

**例 10** 在某化学反应中，测得生成物的浓度 $y$（$10^{-3}$ g/cm$^3$）与时间 $t$（min）的关系见表 4—2.

表 4—2

| $t$ | 1 | 2 | 3 | 4 | 6 | 8 | 10 | 12 | 14 | 16 |
|---|---|---|---|---|---|---|---|---|---|---|
| $y$ | 4.00 | 6.41 | 8.01 | 8.79 | 9.53 | 9.86 | 10.33 | 10.42 | 10.53 | 10.61 |

求：$y$ 关于 $t$ 的一次和二次多项式拟合函数，并预测在 $t=30$ min 时的生成物浓度.

[实验方案]

多项式拟合的核心是最小二乘法，即根据函数值与测量值的平方误差和最小原则求出函数中的待定系数.

```
[python 代码]:exp4—10.py
import numpy as np
import matplotlib.pyplot as plt
t=np.array([1,2,3,4,6,8,10,12,14,16])
#扩展数据到 t<36
```

```
t1=np. append(t, np. arange(18,36,2), axis=0)
y=np. array([4.00,6.41,8.01,8.79,9.53,9.86,10.33,10.42,10.53,10.61]) #输
入数据
p1=np. polyfit(t,y,1)  #一次多项式拟合
p11=np. poly1d(p1)
print('一次拟合多项式:',p11) #打印一次多项式
p2=np. polyfit(t,y,2) #二次多项式拟合
p22=np. poly1d(p2)
print('二次拟合多项式:',p22) #打印二次多项式
f1=p1[0]*t1+p1[1]
f2=p2[0]*t1**2+p2[1]*t1+p2[2]
f3=p2[0]*30**2+p2[1]*30+p2[2]
f4=p2[0]*34**2+p2[1]*34+p2[2]
print('二次多项式拟合下 t=30时的生成物浓度为:',f3)
#绘制原始数据点和拟合函数图
y1=np. arange(f4,f3,0.5)
plot1=plt. plot(t,y,'*',label='origin data')
plot2=plt. plot(t1,f1,'b',label='fit data1')
plot3=plt. plot(t1,f2,'r',label='fit data2')
plot4=plt. plot(y1*0+30,y1,':') #指示 x=30的值
plt. legend(loc=2)
plt. show()
```

[结果输出]

一次拟合多项式:$0.3425x+6.246$

二次拟合多项式:$-0.04832x^2+1.144x+4.149$

二次多项式拟合下 t=30分时的生成物浓度为:$-5.031495514392339$

输出结果如图 4-10 所示.

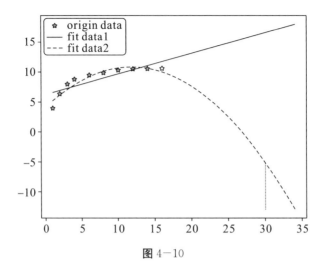

图 4—10

## 4.2 函数的极限

函数极限是微积分的核心概念之一，它在数学理论的发展和实践应用中都有很重要的作用，利用 Python 的强大计算功能，可以解决各种情况下极限的计算问题.

### 4.2.1 一元函数的极限

**例 11** 计算 $\lim\limits_{n\to\infty}\left(\dfrac{1}{1\times2}+\dfrac{1}{2\times3}+\cdots+\dfrac{1}{n(n+1)}\right)$.

［实验方案］

本题是 $n$ 项求和类型的数列极限计算问题，常见的方法包括求和法、积分法、夹逼法则等，本题采用裂项求和法.

$$\lim_{n\to\infty}\left(\frac{1}{1\times2}+\frac{1}{2\times3}+\cdots+\frac{1}{n(n+1)}\right)$$

$$=\lim_{n\to\infty}\left(1-\frac{1}{2}+\frac{1}{2}-\frac{1}{3}+\cdots+\frac{1}{n}-\frac{1}{n+1}\right)$$

$$=\lim_{n\to\infty}\left(1-\frac{1}{n+1}\right)$$

$$=1$$

```
［python 代码］:exp4—11.py
import sympy as sp
n=sp. Symbol('n')     ＃定义变量 n
xn=1-1/(1+n)    ＃输入函数
l=sp. limit(xn,n, 'oo') ＃求极限
print('%s 极限是:%s' %(str(xn),str(l)))
```

[结果输出]

1－1/(n＋1)极限是:1

**例 12**　计算 $\lim\limits_{x \to 2^+} \dfrac{\sqrt{x}-\sqrt{2}+\sqrt{x-2}}{\sqrt{x^2-4}}$.

[实验方案]

函数极限计算方法有很多，常见的有分子（分母）有理化、等价替换、洛必达法则等. 本题采用分子（分母）有理化的方法：

$$\lim_{x \to 2^+} \frac{\sqrt{x}-\sqrt{2}+\sqrt{x-2}}{\sqrt{x^2-4}}$$

$$= \lim_{x \to 2^+}(\frac{\sqrt{x}-\sqrt{2}}{\sqrt{x^2-4}}+\frac{\sqrt{x-2}}{\sqrt{x^2-4}})$$

$$= \lim_{x \to 2^+}[\frac{(\sqrt{x}-\sqrt{2})(\sqrt{x}+\sqrt{2})}{\sqrt{x^2-4}(\sqrt{x}+\sqrt{2})}+\frac{1}{\sqrt{x+2}}]$$

$$= \lim_{x \to 2^+}[\frac{\sqrt{x-2}}{\sqrt{x+2}(\sqrt{x}+\sqrt{2})}+\frac{1}{\sqrt{x+2}}]$$

$$= \frac{1}{2}.$$

[python 代码]:exp4－12. py
```python
import sympy as sp
x=sp. Symbol('x')        #定义变量 x
y=(sp. sqrt(x)－sp. sqrt(2)＋sp. sqrt(x－2))/sp. sqrt(x**2－4)    #输入函数
ly=sp. limit(y,x,2,dir='+') #求右极限
print('%s 右极限是:%s' %(str(y),str(ly)))
```

[结果输出]

(sqrt(x) + sqrt(x − 2) − sqrt(2))/sqrt(x**2 − 4)右极限是:1/2

**例 13**　计算 $\lim\limits_{x \to 0}\left(\dfrac{\sin x}{x}\right)^{x^3}$.

[实验方案]

本题采用重要极限以及连续函数的极限计算方法进行计算.

根据重要极限可得：$\lim\limits_{x \to 0}\dfrac{\sin x}{x}=1$，根据连续函数的极限可得：$\lim\limits_{x \to 0}x^3=0^3=0$. 所以：

$$\lim_{x \to 0}\left(\frac{\sin x}{x}\right)^{x^3}=1^0=1.$$

[python 代码]:exp4-13. py
```
import sympy as sp
x=sp. Symbol('x')      #定义变量 x
y=(sp. sin(x)/x)**(x**3)   #输入函数
l=sp. limit(y,x,'0') #求极限
print('%s 的极限是:%s' %(y,l))
```

[结果输出]

(sin(x)/x)**(x**3)的极限是:1

## 4.2.2 单侧极限

一元函数极限

单侧极限是判断函数在一点极限是否存在的重要因素,利用 Python 亦可以计算函数的单侧极限,从而判断函数极限的存在性.

**例 14** 计算 $\lim\limits_{x\to 0^-}\dfrac{x}{x^2+|x|}$.

[实验方案]

$$\lim\limits_{x\to 0^-}\dfrac{x}{x^2+|x|}=\lim\limits_{x\to 0^-}\dfrac{x}{x^2-x}=\lim\limits_{x\to 0^-}\dfrac{1}{x-1}=-1.$$

[python 代码]:exp4-14. py
```
import sympy as sp
import numpy as np
x=sp. Symbol('x')      #定义变量 x
y=x/(x**2+np. abs(x))   #输入函数
lz=sp. limit(y,x,0,dir='-') #求左极限
print('%s 的左极限是:%s' %(str(y),str(lz)))
```

[结果输出]

x/(x**2 + Abs(x))的左极限是:-1

**例 15** 计算 $\lim\limits_{x\to 0^-}\dfrac{x+1}{1+e^{\frac{1}{x}}}$ 和 $\lim\limits_{x\to 0^+}\dfrac{x+1}{1+e^{\frac{1}{x}}}$,并判断 $\lim\limits_{x\to 0}\dfrac{x+1}{1+e^{\frac{1}{x}}}$ 的存在性.

[实验方案]

(1)左极限:$\lim\limits_{x\to 0^-}\dfrac{x+1}{1+e^{\frac{1}{x}}}=\dfrac{0+1}{1+0}=1$.

(2)右极限:由于 $\lim\limits_{x\to 0^+}e^{\frac{1}{x}}=+\infty$,所以右极限 $\lim\limits_{x\to 0^+}\dfrac{x+1}{1+e^{\frac{1}{x}}}=0$.

由于左、右极限不相等,故 $\lim\limits_{x\to 0}\dfrac{x+1}{1+e^{\frac{1}{x}}}$ 不存在.

[python 代码]:exp4-15.py
```
import sympy as sp
#import numpy as np
x=sp.Symbol('x')        #定义变量 x
y=(x+1)/(1+sp.exp(1/x))    #输入函数
lz=sp.limit(y,x,0,dir='-') #求左极限
ly=sp.limit(y,x,0,dir='+') #求左极限
print('%s 的左极限是:%s' %(str(y),str(lz)))
print('%s 的右极限是:%s' %(str(y),str(ly)))
```

[结果输出]

(x + 1)/(exp(1/x) + 1)的左极限是:1
(x + 1)/(exp(1/x) + 1)的右极限是:0

由单侧极限结果计算得知，左、右极限不相等，故 $\lim\limits_{x\to 0}\dfrac{x+1}{1+\mathrm{e}^{\frac{1}{x}}}$ 的极限不存在.

## 4.2.3　多元函数的极限

Python 可以计算二重极限，可以计算二次极限从而判断二重极限的存在性.

**例 16**　计算 $\lim\limits_{(x,y)\to(0,2)}\dfrac{\sin xy^2}{xy^3}$

[实验方案]

本题采用等价替换方法. $(x,y)\to(0,2)$ 时，$\sin xy^2\sim xy^2$.

故 $\lim\limits_{(x,y)\to(0,2)}\dfrac{\sin xy^2}{xy^3}=\lim\limits_{(x,y)\to(0,2)}\dfrac{xy^2}{xy^3}=\lim\limits_{(x,y)\to(0,2)}\dfrac{1}{y}=\dfrac{1}{2}$.

[python 代码]:exp4-16.py
```
import sympy as sp
#import numpy as np
x,y=sp.symbols('x y')      #定义变量 x
f=sp.sin(x*y**2)/(x*y**3)   #输入函数
lmt=sp.limit(f,x,0,dir='-') #求左极限
lmt=sp.limit(lmt,y,2)
print('表达式的极限是:%s' %str(lmt))
```

[结果输出]

表达式的极限是:1/2

### 4.2.4 二重极限与二次极限

多元函数极限

二元函数两个自变量同时变化得到的极限为二重极限，而两个变量按顺序先后变化得到的是二次极限．如果两个二次极限存在但是不相等，则二重极限必不存在．另外，两个二次极限如果存在且相等，且二重极限存在，则二重极限和二次极限相等．

**例 17** 已知 $f(x,y) = \dfrac{x-y+x^2+y^2}{x+y}$，$g(x,y) = x\sin\dfrac{1}{y} + y\sin\dfrac{1}{x}$，计算两个函数在点 $(0,0)$ 的二次极限以及二重极限，并初步探讨二次极限和二重极限之间的关系．

[实验方案]

(1) $\lim\limits_{x\to 0}\lim\limits_{y\to 0}\dfrac{x-y+x^2+y^2}{x+y} = \lim\limits_{x\to 0}\dfrac{x+x^2}{x} = 1.$

$\lim\limits_{y\to 0}\lim\limits_{x\to 0}\dfrac{x-y+x^2+y^2}{x+y} = \lim\limits_{x\to 0}\dfrac{-y+y^2}{y} = -1.$

由于两个二次极限存在但不相等，所以 $f(x,y)$ 在点 $(0,0)$ 的二重极限不存在．

(2) 可知 $\lim\limits_{x\to 0}\lim\limits_{y\to 0}(x\sin\dfrac{1}{y} + y\sin\dfrac{1}{x})$ 与 $\lim\limits_{y\to 0}\lim\limits_{x\to 0}(x\sin\dfrac{1}{y} + y\sin\dfrac{1}{x})$ 都不存在．根据无穷小量和有界变量的乘积是无穷小量这个结论，可得二重极限 $\lim\limits_{(x,y)\to(0,0)}(x\sin\dfrac{1}{y} + y\sin\dfrac{1}{x}) = 0.$

本例说明两个二次极限存在不一定二重极限存在，二重极限存在不一定二次极限存在．

```
[python 代码]:exp4-17.py
import sympy as sp
x,y=sp.symbols('x y') #定义变量 x
f=(x-y+x**2+y**2)/(x+y) #定义函数
l1=sp.limit(f,x,0)
l2=sp.limit(l1,y,0)
print('表达式 x->0,y->0 的二次极限是:%s' %(str(l2)))
l3=sp.limit(f,y,0)
l4=sp.limit(l1,x,0)
print('表达式 y->0,x->0 的二次极限是:%s' %(str(l4)))
if (l2!=l4):
    print('两个二次极限不相等,所以表达式(x,y)->(0,0)的二重极限不存在')
```

[结果输出]

表达式 x—>0,y—>0的二次极限是:—1
表达式 y—>0,x—>0的二次极限是:(y**2 — y)/y
两个二次极限不相等,所以表达式(x,y)—>(0,0)的二重极限不存在

### 4.2.5 函数的间断点及其类型

函数的间断点有三种：没有定义的点、无极限的点以及极限值不等于函数值的点．至于间断点的类型则需要计算间断点的极限，再由极限的结果判断间断点类型．

**例 18** 已知函数 $y = \dfrac{x^2 - 1}{x^2 - 3x + 2}$ ，求函数的间断点，说明这些间断点属于哪一类？

［实验方案］

初等函数 $y = \dfrac{x^2 - 1}{x^2 - 3x + 2}$ 没有定义的点为 $x = 1$ 和 $x = 2$ ，其他有定义的点都是函数的连续点．

$$\lim_{x \to 1} \frac{x^2 - 1}{x^2 - 3x + 2} = -2, \lim_{x \to 2} \frac{x^2 - 1}{x^2 - 3x + 2} = \infty.$$

所以，1 是可去间断点，而 2 是无穷间断点．

［python 代码］:exp4—18. py

```python
import sympy as sp
x=sp. Symbol('x') ♯定义变量 x
y=(x**2-1)/(x**2-3*x+2) ♯定义函数
lmt=sp. limit(y,x,1)
lmt1=sp. limit(y,x,2)
print('函数当 x—>1的极限是:%s' %(str(lmt)))
print('函数当 x—>2的极限是:%s' %(str(lmt1)))
```

［结果输出］

函数当 x—>1的极限是:—2
函数当 x—>2的极限是:∞

函数在 $x = 2$ 处没有定义，所以 $x = 2$ 是函数的间断点，因 $\lim\limits_{x \to 2} \dfrac{x^2 - 1}{x^2 - 3x + 2} = \infty$ ，所以是无穷间断点．

### 4.2.6 最值定理和介值定理

一元函数和多元
函数的连续性

最值定理从理论上肯定了闭区间上连续函数的最大值和最小值的存在性，为计算函数的最值提供了理论依据. 介值定理的推论——零点定理对于判断函数在一个区间是否有零点，或者判断一个方程在一个区间是否有根提供了一个有力的证明方法.

**例 19** 求 $y = x^5 - 5x^4 + 5x^3 + 1$ 在区间 $[-1,2]$ 的最大值和最小值.

［实验方案］

利用闭区间函数最值的计算方法：

（1）计算区间内的驻点和不可导点：令 $y' = 5x^4 - 20x^3 + 15x^2 = 0$，可得驻点为 0，1，3. 驻点 3 不在所讨论的区间内，不予讨论.

（2）比较区间内的驻点、不可导点以及端点的函数值，得出可能的最大值和最小值为 $y(0) = 1$，$y(1) = 2$，$y(-1) = -10$，$y(2) = -7$.

所以最大值为 2，最小值为 $-10$.

```
［python 代码］：exp4-19.py
import sympy as sp
#定义符号变量和函数
x=sp.symbols('x')
f=x**5 - 5*x**4 + 5*x**3 + 1
f_prime=f.diff(x)  #计算函数的导数
z_points=sp.solve(f_prime, x)  #计算导数为零的极值点
#在[-1,2]中筛选出落在该区间的极值点
valid_points=[p for p in z_points if -1 <= p <= 2]
#计算函数在边界上的值放入数组
boundary_values=[f.subs(x, -1), f.subs(x, 2)]
#计算极值点函数值,并与边界极值点合并到数组
all_values =[f.subs(x, p) for p in valid_points]+boundary_values
#找到最小值和最大值
min_value=min(all_values)
max_value=max(all_values)
print("最小值:", min_value)
print("最大值:", max_value)
```

［结果输出］

```
最小值：-10
最大值：2
```

**例 20** 利用零点定理证明：方程 $x^5 - 3x = 1$ 在区间 $(1,2)$ 上至少有一个根，并

用 Python 计算出该区间内的根.

[实验方案]

利用零点定理.

```
[python 代码]:exp4—20. py
import sympy as sp
#定义符号变量和函数
x=sp. symbols('x')
f=x**5−3*x−1
#带入计算区间端点函数值
val_a=f. subs(x,1)
val_b=f. subs(x,2)
if (val_a*val_b<0):
    print('区间端点函数值异号,区间内必有零点')
z_points=sp. solve(f, x) #计算方程的符号解放入数组
result=[ ]
#非复数的符号解转化为数值后,输出(1,2)区间的解
for p in z_points:
    p_value=p. evalf() # 计算近似值
    if (type(p_value)==sp. core. numbers. Float):
        if (1<p_value<2):
            result=result+[p_value]
print('(1,2)区间方程的解为:',result)
```

[结果输出]

区间端点函数值异号,区间内必有零点

(1,2)区间方程的解为:[1.38879198440725]

# 4.3　综合案例

## 4.3.1　Koch 雪花的周长和面积计算问题

1904 年,瑞典数学家黑尔格·冯·科赫(Helge von Koch)构造了以他名字命名的"Koch 雪花". 先画一个边长为 1 的等边三角形,再进行如下修改. 第一步:将等边三角形的每条边三等分,并以中间的一段为边向外画等边三角形,再去掉被三等分的边的中间的一段,这样就形成了一个具有 $3 \times 4$ 条边的多边形. 第二步:将新多边形的每条边三等分后重复以上过程,这样就形成了一个具有 $3 \times 4^2$ 条边的多边形. 重复以上步骤到第 $n$ 步时得到一个 $3 \times 4^n$ 条边的多边形. 当 $n$ 越来越大时,新多边形的边缘越来越

精细，看上去越来越像一朵美丽的雪花，故名"Koch 雪花"，又名"Koch 曲线"，如图 4−11 所示. 请问随着 Koch 雪花边数的增加，其周长和面积如何变化？

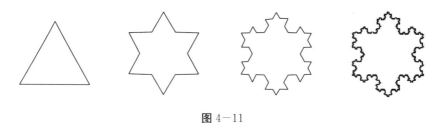

图 4−11

[实验方案]

设第 $n$ ( $n = 0,1,2,3,\cdots$ ) 步所得的多边形的周长为 $l_n$，面积为 $s_n$，则有

$$l_0 = 3, \qquad\qquad s_0 = \frac{\sqrt{3}}{4}.$$

$$l_1 = \frac{4}{3} \times l_0, \qquad\qquad s_1 = s_0 + 3 \times \frac{1}{9} \times s_0.$$

$$l_2 = \left(\frac{4}{3}\right)^2 \times l_0, \qquad\qquad s_2 = s_1 + 3 \times 4 \times \left(\frac{1}{9}\right)^2 \times s_0.$$

$$\cdots \qquad\qquad\qquad\qquad \cdots$$

$$l_n = \left(\frac{4}{3}\right)^n \times l_0, \qquad\qquad s_n = s_{n-1} + 3 \times 4^{n-1} \times \left(\frac{1}{9}\right)^n \times s_0.$$

其中：

$$s_n = s_{n-1} + \left(\frac{4}{9}\right)^{n-1} \times \frac{s_0}{3}$$

$$= s_0 + \frac{s_0}{3} + \left(\frac{4}{9}\right) \times \frac{s_0}{3} + \left(\frac{4}{9}\right)^2 \times \frac{s_0}{3} + \cdots + \left(\frac{4}{9}\right)^{n-1} \times \frac{s_0}{3}$$

$$= s_0 + \frac{s_0}{3}\left\{1 + \frac{4}{9} + \left(\frac{4}{9}\right)^2 + \cdots + \left(\frac{4}{9}\right)^{n-1}\right\}.$$

容易求得：$s_n = s_0 + \frac{3}{5}\left(1 - \left(\frac{4}{9}\right)^n\right)s_0.$

$$\lim_{n \to \infty} l_n = \lim_{n \to \infty} \left(\frac{4}{3}\right)^n \times l_0 = +\infty.$$

$$\lim_{n \to \infty} s_n = \lim_{n \to \infty}\left\{s_0 + \frac{3}{5}\left(1 - \left(\frac{4}{9}\right)^n\right)s_0\right\} = \frac{8}{5}s_0.$$

[python 代码]：exp4−21. py

```
import sympy as sp
n=sp. Symbol('n')
```

```
ln=sp. limit((4/3)**n,n,'oo')   ♯求周长的极限
s=(1+(0.6*(1-(4/9)**n)))*(sp. sqrt(3)/4)
sn=sp. limit(s,n,'oo') ♯求面积的极限
print('Koch 曲线的长度为:%s'%str(ln))
print('Koch 曲线的面积为:%s'%str(sn))
```

［结果输出］

Koch 曲线的长度为:∞
Koch 曲线所围成的面积为:2*sqrt(3)/5

上面结果表明，随着 $n$ 的增加，Koch 曲线的长度趋于无穷大，而其围成的几何图形的面积却趋于定值．即在有限的区域内，曲线的长度可以无限长．

## 4.3.2　乘坐出租车总费用最少问题

当人们乘坐出租车时总是在思考一个问题，当距离较远时，选择乘坐一辆或者多辆出租车在费用上有何差别？如何换乘可以使得所花费用最少？某地 2023 年出租车的计费标准如下：

路程 3 公里以内（含 3 公里）按起步价 9 元计费；

超过 3 公里，但不超过 10 公里的这段路程，按 1.9 元/公里计费；

超过 10 公里后的路程需加收 50%的返空费，即按 2.85 元/公里计费；

等待累计时间（如遇红灯、中途停车等）不满 5 分钟不收费，若满 5 分钟，按每 5 分钟 1 公里计费．

按上述标准计算出的费用取整数为现实中最终支付费用．现假设乘客换车很方便且不考虑等待时间，请制定一个费用最省的乘车方案．

［实验方案］

设当行驶 $x$ 公里时，乘客乘车费用为 $f(x)$ 元，则有分段函数

$$f(x) = \begin{cases} 9, & x \leqslant 3, \\ 9+1.9 \times (x-3), & 3 < x \leqslant 10, \\ 9+1.9 \times 7+2.85 \times (x-10), & x > 10. \end{cases}$$

（1）当乘车路程在 3 公里以内时，在起步价之内，只乘一辆车最省，总费用是 9 元．

（2）当乘车路程在 3 公里至 10 公里以内时，平均每公里路费随着路程的增加而逐渐降低，从 3 公里时的平均 3 元/公里到 10 公里时的平均 2.23 元/公里，故只乘一辆车最省．

（3）当乘车路程超过 10 公里时，若不换乘则按 2.85 元/km 计费，若换乘，则需支付起步价 9 元．

设当行驶至 $y(10 < y \leqslant 20)$ 公里时，不换乘与换乘两种方案的费用相等，则有

$2.85 \times (y - 10) = 9 + 1.9 \times (y - 13)$ 　　　　$(10 < y \leqslant 20)$.

解之得 $y \approx 13.5$，即每辆车的乘坐时间如果超过了 13.5 公里，则选择换乘另一辆车费用最省；故当乘车路程超过 10 公里且小于 13.5 公里时，只乘一辆车费用最省.

当乘车路程超过 13.5 公里且不超过 23.5 公里时，在行驶至 10 公里时换乘另一辆车费用最省.

（4）当乘车路程超过 23.5 公里且不超过 33.5 公里时，在行驶至 10 公里、20 公里时分别换乘另一辆车费用最省. 如果距离继续增加，换乘方案依此类推.

例如，如果乘客从甲地到乙地共 23 公里，两种方案分别花费多少？

方案一：不换乘.

总花费：$9 + 1.9 \times 7 + 2.85 \times (23 - 10) = 59.35 \approx 59$（元）.

方案二：10 公里处换乘.

总花费：$2 \times (9 + 1.9 \times 7) + 3 \times 2.85 = 53.15 \approx 53$（元）.

方案二比方案一总花费节省了 6 元.

```
［python 代码］:exp4-22.py
from sympy import *
#创建符号变量,并定义分段函数
x,y=symbols('x y')
f =Piecewise((9, x <= 3),
             (9 + 1.9*(x-3), And(3 < x, x <= 10)),
             (9 + 1.9*7 + 2.85*(x-10), x > 10))
print('设当行驶至 y 公里(10<y<20)时,不换乘与换乘两种方案的费用相等,则:')
f1=2.85*(y-10)
f2=9+1.9*(y-13)
print(f1,'=',f2)
#求解路程 x>10时的换乘点
exp=Eq(f1,f2)
r=solve(exp)
print('解得 y=',r[0].evalf(3))
print('(1)乘车路程在3公里以内时,只乘一辆车最省,总费用是9元.')
print('(2)乘车路程在3至10公里以内时,若换乘则车费大于18元,故只乘一辆车最省.')
print('(3)乘车路程在13.5至23.5公里之间时,行驶至10公里时换乘另一辆车费用最省.以10公里为一个周期,如果距离继续增加,在 n*10公里时换乘费用最省.')
```

［结果输出］

设当行驶至 y 公里(10＜y＜20)时,不换乘与换乘两种方案的费用相等,则:

2.85*y － 28.5＝1.9*y － 15.7

解得 y＝ 13.5

(1)乘车路程在3公里之内时,只乘一辆车最省,总费用是9元.

(2)乘车路程在3至10公里之内时,若换乘则车费大于18元,故只乘一辆车最省.

(3)乘车路程在13.5至23.5公里之间时,行驶至10公里时换乘另一辆车费用最省.以10公里为一个周期,如果距离继续增加,在 n*10公里时换乘费用最省.

## 习题 4

1. 画出下列函数的图像.

(1) $y = x^3 + 5x^2 + 4x + 1$;

(2) $\begin{cases} x = t + t^2, \\ y = \cos 2t; \end{cases}$

(3) $e^{y^2} - e^{-x} + xy = \ln 2$;

(4) $z = x^3 + y^3 - 3xy$;

(5) $x^2 + 3y^2 + 2z^2 = 1$.

2. 求下列函数的极限.

(1) $\lim\limits_{x \to \infty} \left(1 - \dfrac{2}{3x}\right)^{4x}$;

(2) $\lim\limits_{x \to \infty} \dfrac{e^{-x^2}}{x} \int_0^x t^2 e^{t^2} \, dt$;

(3) $\lim\limits_{(x,y) \to (0,2)} \dfrac{\sin xy}{xy^3}$.

本章示例代码

# 第 5 章 微 分

函数的微分是高等数学中的主要内容之一，其方法和理论也广泛应用于工程技术、经济分析以及社会科学研究等多个领域. 因此，利用 Python 解决函数的微分计算具有较大的应用价值，对理工类、经济管理类专业技术人员而言，是一项不可或缺的专业技能.

## 5.1 一元函数的微分

函数的导数计算需要学习者牢牢记住基本初等函数的导数公式，并能够熟练应用和、差、积、商以及复合函数的求导法则，能够掌握隐函数和参量函数的求导方法. 利用 Python 的集成函数库，可以比较容易地解决导函数计算问题.

### 5.1.1 显函数的导数及左右导数

一元显函数的导数计算需要利用基本初等函数的求导公式，并根据函数的类型选择合适的计算法则进行计算.

**例 1** 已知 $y = \sin^2 \dfrac{x}{3} \cot \dfrac{x}{2}$，求导数 $y'$.

［实验方案］

本题采用复合函数的求导法则以及乘积的求导法则：

$$y' = \frac{2}{3} \sin \frac{x}{3} \cos \frac{x}{3} \cot \frac{x}{2} - \frac{1}{2} \sin^2 \frac{x}{3} \csc^2 \frac{x}{2}.$$

［python 代码］:exp5-1.py

```python
from sympy import *
#创建符号变量并定义函数
x=symbols('x')
y=sin(x/3)**2*cot(x/2)
#求导并输出
w=y.diff(x,1)
print('所求导数为:',w)
```

［结果输出］

所求导数为:

$(-\cot(x/2)^{**}2/2 - 1/2)^*\sin(x/3)^{**}2 + 2^*\sin(x/3)^*\cos(x/3)^*\cot(x/2)/3$

**例 2**　计算 $y = |x+2|$ 在点 $x = -2$ 处的左右导数,判断函数在 $x = -2$ 处的可导性.

[实验方案]

$$y = |x+2| = \begin{cases} x+2, x \geqslant -2 \\ -x-2, x \leqslant -2 \end{cases}.$$

所以,在点 $x = -2$ 处的左导数为 $-1$,右导数为 $1$,因此函数在 $x = -2$ 处不可导.

```
[python 代码]:exp5-2.py
from sympy import *
x,h,x0= symbols('x h x0')
#定义函数
f=x+2
f1=-x-2
#计算左右导数
l_der=f1.diff(x)
r_der=f.diff(x)
#输出结果
print("左导数为:", l_der)
print("右导数为:", r_der)
if (l_der!=r_der):
    print('左右导数不相等,故函数在 x=-2处不可导')
else:
    print('左右导数相等,故函数在 x=-2处可导')
```

[结果输出]

```
左导数为:-1
右导数为:1
左右导数不相等,故函数在 x=-2处不可导
```

## 5.1.2　复合函数的导数

复合函数的求导问题是微分计算中的重要内容,解法是用求导链式法则从外层向内层求导.

复合函数求导法

**例 3**　$y = \ln[\ln(\ln t)]$,求导数 $y'$.

[实验方案]

函数 $y = \ln[\ln(\ln t)]$ 由 $y = \ln u, u = \ln v, v = \ln t$ 复合而成. 由求导链式法则可得:

$$y' = \frac{1}{\ln(\ln t)} \cdot \frac{1}{\ln t} \cdot \frac{1}{t}.$$

```
[python 代码]:exp5-3.py
import sympy as sp
#创建符号变量并定义函数
t=sp.Symbol('t')
y=sp.ln(sp.ln(sp.ln(t)))
#求导并输出
w=sp.diff(y,t,1)
print('所求导数为:',w)
```

[结果输出]

所求导数为:1/(t*log(t)*log(log(t)))

### 5.1.3　隐函数的导数及对数求导法

隐函数求导法

隐函数和参量函数是两种特殊的函数，导数计算方法不同.

**例 4**　求由方程 $x^2 + xy + y^2 = a^2$ 所确定的隐函数 $y$ 的导数 $\dfrac{\mathrm{d}y}{\mathrm{d}x}$.

[实验方案]

隐函数求导的基本方法是对方程两边求导，然后解出导数.

方程两边求导数得：$2x + y + xy' + 2yy' = 0$.

解出导数可得：$\dfrac{\mathrm{d}y}{\mathrm{d}x} = y' = -\dfrac{2x + y}{x + 2y}$.

```
[python 代码]:exp5-4.py
from sympy import *
x,y,a=symbols('x y a')
z=x**2+x*y+y**2-a**2
dy=-diff(z,x)/diff(z,y)
print('所求导数为:',dy)
```

[输出结果]

所求导数为:(-2*x - y)/(x + 2*y).

**例 5**　利用对数求导法求函数 $y = (\sin x)^{\cos x}$ 的导数.

[实验方案]

对数求导法是利用对数的性质对方程两边取对数将函数转化为较为简单的隐函数，从而用隐函数的求导法求出导数.

两边取对数得：$\ln y = \cos x \ln \sin x$. 两边求导得：

$$\frac{y'}{y} = -\sin x \ln \sin x + \cos x \frac{\cos x}{\sin x}.$$

所以，$y' = (\sin x)^{\cos x}(-\sin x \ln \sin x + \cos x \cot x)$

```
[python 代码]:exp5-5.py
import sympy as sp
x,y=sp.symbols('x y')
y1=sp.cos(x)*sp.log(sp.sin(x))
dy=y*sp.diff(y1,x,1)
print('所求导数为:',dy)
```

[结果输出]

所求导数为：$y*(-\log(\sin(x))*\sin(x) + \cos(x)**2/\sin(x))$

### 5.1.4　参量函数的导数

参量函数求导需用到反函数的求导法则，进而得到参量函数的求导法则：参量函数的导数等于函数对参数求导除以自变量对参数求导.

**例 6**　已知 $\begin{cases} x = t^2, \\ y = 4t, \end{cases}$ 求 $\dfrac{\mathrm{d}y}{\mathrm{d}x}$.

[实验方案]

直接利用参量函数求导法则可得：$\dfrac{\mathrm{d}y}{\mathrm{d}x} = \dfrac{y_t'}{x_t'} = \dfrac{4}{2t} = \dfrac{2}{t}$.

```
[python 代码]:exp5-6.py
import sympy as sp
t=sp.Symbol('t')
x=t**2
y=4*t
dy=sp.diff(y,t,1)
dx=sp.diff(x,t,1)
df=dy/dx
print('所求导数为:',df)
```

[结果输出]

所求导数为：$2/t$

### 5.1.5　平面曲线的切线方程和法线方程

平面曲线的切线方程和法线方程的计算主要用到导数的几何意义：导数 $f'(x_0)$ 表

示曲线 $y = f(x)$ 在点 $(x_0, f(x_0))$ 处的切线斜率.

**例 7** 求曲线 $y = x^3$ 上点 $(2,8)$ 处的切线方程和法线方程.

［实验方案］

$y' = 3x^2$，切线斜率 $k = y'(2) = 12$.

所以，切线方程为：$y - 8 = 12(x - 2)$，即 $y = 12x - 16$.

法线方程为：$y - 8 = \dfrac{-1}{12}(x - 2)$，即 $y = -\dfrac{1}{12}x + \dfrac{49}{6}$.

```
［python 代码］：exp5-7. py
import sympy as sp
x=sp. Symbol('x')
y=x**3
dy=sp. diff(y,x,1)  #求曲线函数的导数
print('导函数为：y=',dy)
#代入 x=2求斜率
y1=dy. subs(x,2)
print('切点处切线的斜率为：',y1)
qx=y1*(x-2)+8
print('切线方程为：y=',qx)
fx=(-1/y1)*(x-2)+8
print('法线方程为：y=',fx)
```

［结果输出］

```
导函数为：y'=3*x**2
切点处切线的斜率为：12
切线方程为：y=12*x - 16
法线方程为：y=49/6 - x/12
```

## 5.1.6  函数的高阶导数

函数的高阶导数是研究函数的重要手段，计算的基本方法是逐阶求导，同时还需要掌握一些基本初等函数的高阶导数公式以及计算两个函数乘积的高阶导数公式——莱布尼茨公式.

**例 8** 已知 $y = x^2 e^{2x}$，求 $y^{(20)}$.

高阶偏导

［实验方案］

本题利用莱布尼茨公式计算高阶导数.

$$
\begin{aligned}
y^{(20)} &= (e^{2x})^{(20)} x^2 + C_{20}^1 (e^{2x})^{(19)} 2x + C_{20}^2 (e^{2x})^{(18)} \times 2 \\
&= 2^{20} e^{2x} x^2 + 20 \times 2^{20} e^{2x} x + 190 \times 2^{19} e^{2x}.
\end{aligned}
$$

[python 代码]：exp5－8.py

```
import sympy as sp
x=sp. Symbol('x')
y=x**2*sp. exp(2*x)
dy=sp. diff(y,x,20) #求函数的导数
print('导函数为:',dy)
```

[结果输出]

导函数为：1048576*(x**2 + 20*x + 95)*exp(2*x).

**例 9**　设 $y = \sin(x + y)$，求 $y''$.

[实验方案]

利用隐函数求导方法计算一阶导数.

方程两边求导得：$y' = \cos(x + y)(1 + y')$，

解出导数可得：$y' = \dfrac{\cos(x + y)}{1 - \cos(x + y)} = -1 + \dfrac{1}{1 - \cos(x + y)}$.

所以，$y'' = -\dfrac{\sin(x + y)(1 + y')}{[1 - \cos(x + y)]^2} = -\dfrac{\sin(x + y)}{[1 - \cos(x + y)]^3}$.

[python 代码]：exp5－9.py

```
from sympy import *
x,y=symbols('x y')
z=sin(x+y)-y
dy=-diff(z,x)/diff(z,y) #求一阶导数
dy2=dy. diff(x)*(1+dy) #求二阶导数
print('所求二阶导数 y \ "=',dy2)
```

[结果输出]

所求二阶导数 y″= (1−cos(x+y)/(cos(x+y)−1))*(sin(x+y)/(cos(x+y)−1)−sin(x+y)*cos(x+y)/(cos(x+y)−1)**2)

通过数值计算验证，上述表达式等同 $y'' = -\dfrac{\sin(x + y)}{[1 - \cos(x + y)]^3}$.

## 5.1.7　函数的微分

计算函数的微分本质上就是计算函数的导数，因此微分运算比较简单. 由于一阶微分的形式不变性在导数的计算方面有较成功的应用，因此微分的运算公式和法则也需要熟练掌握.

**例 10**　求函数 $y = 2\ln^2 x + x$ 的微分.

[实验方案]

直接利用微分运算公式计算：因为 $y' = \dfrac{4\ln x}{x} + 1$，所以 $\mathrm{d}y = (\dfrac{4\ln x}{x} + 1)\mathrm{d}x$.

```
[python 代码]:exp5-10.py
from sympy import *
x,y=symbols('x y')
y=2*ln(x)**2+x
dy=y.diff(x)#求一阶导数
print('微分 dy=(%s)dx'%dy)
```

[结果输出]

微分 $\mathrm{d}y = (1 + 4*\log(x)/x)\mathrm{d}x$

## 5.1.8　洛必达法则与泰勒公式

洛必达法则是计算函数极限非常重要的方法，牢固掌握洛必达法则是对理工科专业大学生学习高等数学的基本要求. 泰勒公式是研究函数性质的重要工具，广泛应用于函数极限的计算、函数性质的证明以及幂级数展开等方面.

**例 11**　求函数 $\lim\limits_{x \to 0^+} \dfrac{\ln\sin 3x}{\ln\sin x}$ 极限.

[实验方案]

微分中值定理与导数的应用

直接利用洛必达法则结合无穷小的等价替换定理可得：$\lim\limits_{x \to 0^+} \dfrac{\ln\sin 3x}{\ln\sin x} =$

$\lim\limits_{x \to 0^+} \dfrac{(\ln\sin 3x)'}{(\ln\sin x)'} = \lim\limits_{x \to 0^+} \dfrac{3\sin x \cos 3x}{\sin 3x \cos x} = 1$.

```
[python 代码]:exp5-11.py
from sympy import *
x=symbols('x')
y=ln(sin(3*x))/ln(sin(x))
ly=limit(y,x,0,dir='+')
print('所求极限为:',ly)
```

[结果输出]

所求极限为：1

**例 12**　求函数 $\lim\limits_{x \to +\infty} \dfrac{\ln\left(1 + \dfrac{1}{x}\right)}{\operatorname{arccot} x}$ 的极限.

[实验方案]

直接使用洛必达法则进行计算：

$$\lim_{x\to+\infty}\frac{\ln\left(1+\frac{1}{x}\right)}{\operatorname{arccot}x}=\lim_{x\to+\infty}\frac{\dfrac{1}{1+\dfrac{1}{x}}\left(-\dfrac{1}{x^2}\right)}{\dfrac{-1}{1+x^2}}=1.$$

[python 代码]:exp5-12.py

```
from sympy import *
x=symbols('x')
y=ln(1+1/x)/acot(x)
ly=limit(y, x, '+oo')
print('所求极限为:',ly)
```

[结果输出]

所求极限为:1

**例 13**　当 $x=4$ 时，求函数 $y=\sqrt{x}$ 的三阶泰勒展开公式.

[实验方案]

直接代入函数的 $n$ 阶泰勒展开公式：

$$y'=\frac{1}{2}x^{-\frac{1}{2}},\ y''=-\frac{1}{4}x^{-\frac{3}{2}},\ y'''=\frac{3}{8}x^{-\frac{5}{2}},\ y^{(4)}=-\frac{15}{16}x^{-\frac{7}{2}},$$

$$y(4)=2,\ y'(4)=\frac{1}{4},\ y''(4)=-\frac{1}{32},\ y'''(4)=\frac{3}{256}.$$

函数 $y=\sqrt{x}$ 在 $x=4$ 处的三阶泰勒展开公式为：

$$y=\sqrt{x}=4+\frac{1}{4}(x-4)-\frac{1}{2!}\cdot\frac{1}{32}(x-4)^2+\frac{1}{3!}\cdot\frac{3}{256}(x-4)^3+\frac{1}{4!}\cdot(-\frac{15}{16})\xi^{-\frac{7}{2}}$$

$(x-4)^4$. 其中，$\xi$ 在 $x$ 与 4 之间.

[python 代码]:exp5-13.py

```
from sympy import *
#定义符号变量
x=symbols('x')
#定义函数
y =sqrt(x)
#计算三阶泰勒展开
taylor_series=y. series(x,4,4)
print('y=',taylor_series)
```

[结果输出]

$$y=1-(x-4)**2/64+(x-4)**3/512+x/4+O((x-4)**4),\ (x,\ 4)$$

### 5.1.9 函数的单调区间及极值

函数的单调区间及极值是高等数学的重要内容，也是研究函数性质的重要手段，因此是理工科专业大学生必须掌握的基本内容．单调区间及极值计算的主要方法是利用一阶导数计算单调区间，再根据单调区间直接得到函数的极值．此外，极值也可以通过先计算极值的可疑点再利用判别法进行判断的方法得到．

**例 14** 求函数 $y=2x^3-6x^2-18x-7$ 的单调区间和极值.

[实验方案]

先计算一阶导数：$y'=6x^2-12x-18=6(x+1)(x-3)$.

令 $y'>0$，解出增区间为 $(-\infty,-1),(3,+\infty)$.

令 $y'<0$，解出减区间为 $(-1,3)$.

由于单调区间的边界点（连续点）必定是极值点，故可得在端点 $-1$ 处取得极大值 $3$，在端点 $3$ 处取得极小值 $-61$.

```
[python 代码]:exp5-14.py
import sympy as sp
#创建符号变量,定义函数
x=sp.symbols('x')
f=2*x**3-6*x**2-18*x-7
#求导数
f_prime=sp.diff(f, x)
expr1=f_prime>0
expr2=f_prime<0
#解不等1f'(x)>0,f'(x)<0
interval1=sp.solve(expr1)
interval2=sp.solve(expr2)
print('单调增区间为:',interval1)
print('单调减区间为:',interval2)
#计算极值点
critical_points=sp.solve(f_prime)
#计算函数的二阶导数
f_second_prime=sp.diff(f_prime, x)
#确定极值点类型并输出
extrema=[]
for point in critical_points:
```

```
        if f_second_prime. subs(x, point) > 0:
            extrema. append(('x={}'. format(point), '极小值={}'. format(f. subs(x,
point)))))
    elif f_second_prime. subs(x, point) < 0:
            extrema. append(('x={}'. format(point), '极大值={}'. format(f. subs(x,
point)))))
    print("极值点及类型:", extrema)
```

[结果输出]

单调增区间为：$((-\infty<\mathrm{x})\&(\mathrm{x}<-1))\mid((3<\mathrm{x})\&(\mathrm{x}<\infty))$
单调减区间为：$(-1<\mathrm{x})\&(\mathrm{x}<3)$
极值点及类型：$\left[('\mathrm{x}=-1', '极大值=3'), ('\mathrm{x}=3', '极小值=-61')\right]$

## 5.1.10　函数的凹凸区间及拐点

函数的凹凸性是函数的重要性质. 计算函数的二阶导数可以得到函数图像的凹凸区间，通过函数图像的凹凸区间可以找到函数图像的拐点.

**例 15**　求函数 $y = x^3 - 5x^2 + 3x - 5$ 的凹凸区间及拐点.

[实验方案]

计算一阶导数、二阶导数：$y' = 3x^2 - 10x + 3$, $y'' = 6x - 10$.

令 $y'' > 0$, 得凹区间为 $(\frac{5}{3}, +\infty)$；令 $y'' < 0$, 得凸区间为 $(-\infty, \frac{5}{3})$.

根据凹凸区间可得拐点为 $(\frac{5}{3}, -\frac{250}{27})$.

```
[python 代码]:exp5-15. py
import sympy as sp
#创建符号变量,定义函数
x=sp. symbols('x')
f=x**3-5*x**2+3*x-5
#求二阶导数
dfx2=sp. diff(f, x,2)
expr1=dfx2>0
expr2=dfx2<0
#解不等式 f"(x)>0,f"(x)<0
interval1=sp. solve(expr1)
interval2=sp. solve(expr2)
```

```
print('凹区间为:',interval1)
print('凸区间为:',interval2)
♯计算拐点
point＝sp. solve(dfx2)
♯确定拐点并输出
p＝[]
for i in point:
    p. append((i,f. subs(x,i)))
print('拐点:', p)
```

[结果输出]

凹区间为:$(5/3<x)$ & $(x<\infty)$
凸区间为:$(-\infty<x)$ & $(x<5/3)$
拐点:$[(5/3, -250/27)]$

## 5.1.11 函数的渐近线

函数的渐近线是函数图像的重要性质,它指出了函数图像在无穷远端的变化趋势.
函数的渐近线可以通过计算函数的极限得到.

**例 16** 求函数 $y = \dfrac{x^4}{(1+x)^3}$ 的渐近线方程.

[实验方案]

(1) 竖直渐近线:$\lim\limits_{x \to -1} \dfrac{x^4}{(1+x)^3} = \infty$,所以 $x = -1$ 是竖直渐近线.

(2) 斜渐近线:$\lim\limits_{x \to \infty} \dfrac{1}{x} \dfrac{x^4}{(1+x)^3} = 1$,$\lim\limits_{x \to \infty}[\dfrac{x^4}{(1+x)^3} - x] = -3$.

所以 $y = x - 3$ 是斜渐近线.

```
[python 代码]:exp5－16. py
from sympy import *
x＝symbols('x')
y＝x**4/(1+x)**3
ly＝limit(y,x,-1)
ly1＝limit(y/x,x,oo)
ly2＝limit(y-x,x,oo)
if (ly==oo):
    print('竖直渐近线为:x=-1')
y1＝x*ly1+ly2
print('斜渐近线为:y=',y1)
```

[结果输出]

> 竖直渐近线为:x=−1
> 斜渐近线为:y= x−3

## 5.1.12　曲线的曲率

对曲线的弯曲程度的数量指标（曲率）的计算在工程中有广泛应用，因此各种条件下曲线的曲率计算也是理工科专业大学生需要掌握的内容.

**例 17**　求抛物线 $y = x^2 - 4x + 3$ 在顶点处的曲率及曲率半径.

[实验方案]

抛物线的顶点横坐标为 $x = 2$，且 $y'(2) = (2x - 4)\Big|_{x=2} = 0$，$y''(2) = 2$.

所以在顶点处的斜率为：$k = \dfrac{|y''|}{(1 + y'^2)^{\frac{3}{2}}}\Big|_{x=2} = 2$.

曲率半径：$R = \dfrac{1}{k} = \dfrac{1}{2}$.

[python 代码]:exp5−17.py
```python
from sympy import *
#创建符号变量,定义函数
x=symbols('x')
f=x**2-4*x+3
#求一阶、二阶导数
dx=f.diff(x)
dx2=f.diff(x,2)
top=solve(dx,x)[0]
print('顶点横坐标为:x=', top)
#求曲率和曲率半径
k=abs(dx2.subs(x,top))/(1+dx.subs(x,top)**2)**(3/2)
print('顶点曲率为:',k)
print('顶点曲率半径为:',1/k)
```

[结果输出]

> 顶点横坐标为:x=2
> 顶点曲率为: 2
> 顶点曲率半径为: 1/2

## 5.2 多元函数的微分

与一元函数一样，多元函数偏导数的计算、微分的计算、极值的计算等是多元函数微分学中的重要内容，利用 Python 也能比较容易地实现.

### 5.2.1 显函数的偏导数

全微分

多元显函数求偏导数和一元显函数求导一样，需要利用基本初等函数的导数公式，并应用导数的四则运算法则以及复合函数的求导法则.

**例 18** 求函数 $z = \mathrm{e}^{xy} + \ln(x+y)$ 的偏导数.

［实验方案］

$$\frac{\partial z}{\partial x} = y\mathrm{e}^{xy} + \frac{1}{x+y}, \frac{\partial z}{\partial y} = x\mathrm{e}^{xy} + \frac{1}{x+y}.$$

［python 代码］:exp5-18. py
```
from sympy import *
#创建符号变量,定义函数
x,y=symbols('x y')
z=exp(x*y)+ln(x+y)
#求偏导
dzx=z. diff(x)
dzy=z. diff(y)
print('dz/dx=',dzx)
print('dz/dy=',dzy)
```

［结果输出］

```
dz/dx= y*exp(x*y)+1/(x+y)
dz/dy= x*exp(x*y)+1/(x+y)
```

**例 19** 求函数 $z = x^4 + y^4 - 4x^2y^2$ 在点（1,1）的偏导数.

［实验方案］

因为 $\dfrac{\partial z}{\partial x} = 4x^3 - 8xy^2, \dfrac{\partial z}{\partial y} = 4y^3 - 8yx^2.$

所以，$\dfrac{\partial z}{\partial x}\bigg|_{(1,1)} = -4, \dfrac{\partial z}{\partial y}\bigg|_{(1,1)} = -4.$

［python 代码］:exp5-19. py
```
from sympy import *
#创建符号变量,定义函数
```

```
x,y=symbols('x y')
z=x**4+y**4-4*x**2*y**2
#求偏导
dzx=z. diff(x)
dzy=z. diff(y)
print('点(1,1)处,dz/dx=',dzx. subs({x:1,y:1}))
print('点(1,1)处,dz/dy=',dzy. subs({x:1,y:1}))
```

［结果输出］

```
点(1,1)处,dz/dx=-4
点(1,1)处,dz/dy=-4
```

## 5.2.2　复合函数的偏导数

多元复合函数求导仍然要用到求导链式法则，因此，我们需要知道函数是怎么复合而成的，并由外层向内层逐级求导.

**例 20**　设 $z = \dfrac{y}{f(x^2 - y^2)}$，其中 $f$ 为可微函数，验证：$\dfrac{1}{x}\dfrac{\partial z}{\partial x} + \dfrac{1}{y}\dfrac{\partial z}{\partial y} = \dfrac{z}{y^2}$.

［实验方案］

$$\frac{\partial z}{\partial x} = -\frac{y}{f(x^2-y^2)^2}2xf'(x^2-y^2), \quad \frac{\partial z}{\partial y} = \frac{f(x^2-y^2) - yf'(x^2-y^2)(-2y)}{f(x^2-y^2)^2},$$

$$\frac{1}{x}\frac{\partial z}{\partial x} + \frac{1}{y}\frac{\partial z}{\partial y} = \frac{-2yf'(x^2-y^2) + \frac{1}{y}f(x^2-y^2) + 2yf'(x^2-y^2)}{f(x^2-y^2)^2}$$

$$= \frac{1}{yf(x^2-y^2)} = \frac{z}{y^2}, \quad 即证.$$

```
[python 代码]:exp5-20. py
from sympy import *
#定义变量和抽象函数 f
x, y=symbols('x y')
f=Function('f')(x**2-y**2)
#定义表达式
z=y/f
#计算偏导1dz/dy,dz/dx
dz_dy=diff(z, y)
dz_dx=diff(z, x)
```

```
#验证等式是否成立,注意要用 simplify()化简
result=simplify(dz_dy/y+dz_dx/x)-z/y**2
if result==0:
    print('等式成立:1/x*dz/dx+1/y*dz/dy=z/y**2')
else:
    print('等式不成立')
```

[结果输出]

```
等式成立:1/x*dz/dx+1/y*dz/dy=z/y**2
```

### 5.2.3 隐函数的偏导数

隐函数求导常用的方法有三种：一是两边求导解出导数法；二是公式法；三是微分法.

**例 21** 设 $e^z - xyz = 0$，求 $\dfrac{\partial z}{\partial x}$ 和 $\dfrac{\partial z}{\partial y}$.

[实验方案]

本题采用微分法.

方程两边求微分：$e^z dz - yz dx - xz dy - xy dz = 0$，解得 $dz = \dfrac{yz dx + xz dy}{e^z - xy}$.

所以，$\dfrac{\partial z}{\partial x} = \dfrac{yz}{e^z - xy}$，$\dfrac{\partial z}{\partial y} = \dfrac{xz}{e^z - xy}$.

```
[python 代码]:exp5-21.py
from sympy import *
x, y, z=symbols('x y z')
#定义隐函数
f=exp(z)-x * y * z
#计算偏导1dz/dx,dz/dy
dzx=-diff(f,x)/diff(f,z)
dzy=-diff(f,y)/diff(f,z)
#输出结果
print('偏导 dz/dx=',dzx)
print('偏导 dz/dy=',dzy)
```

[结果输出]

```
偏导 dz/dx= y*z/(-x*y+exp(z))
偏导 dz/dy= x*z/(-x*y+exp(z))
```

### 5.2.4 方程组确定的隐函数的偏导数

由方程组确定的隐函数求导的方法和由一个方程确定的隐函数求导的方法一样，常用的方法有三种：一是方程两边求导解出导数法；二是公式法；三是微分法.

**例 22** 求由方程组 $\begin{cases} x^2 + y^2 + u^2 + v^2 = R^2 \\ x + y + u + v = 0 \end{cases}$ 所确定的隐函数的偏导数 $\dfrac{\partial u}{\partial x}, \dfrac{\partial u}{\partial y}$ 和 $\dfrac{\partial v}{\partial x}, \dfrac{\partial v}{\partial y}$.

[实验方案]

本题使用微分法求偏导数. 方程组中两个方程两边分别求微分：

$$\begin{cases} 2x\,\mathrm{d}x + 2y\,\mathrm{d}y + 2u\,\mathrm{d}u + 2v\,\mathrm{d}v = 0, \\ \mathrm{d}x + \mathrm{d}y + \mathrm{d}u + \mathrm{d}v = 0. \end{cases}$$

解得，$\mathrm{d}u = \dfrac{(v-x)\mathrm{d}x + (v-y)\mathrm{d}y}{u-v}$，$\mathrm{d}v = \dfrac{(x-u)\mathrm{d}x + (y-u)\mathrm{d}y}{u-v}$，

所以，$\dfrac{\partial u}{\partial x} = \dfrac{v-x}{u-v}$，$\dfrac{\partial u}{\partial y} = \dfrac{v-y}{u-v}$，$\dfrac{\partial v}{\partial x} = \dfrac{x-u}{u-v}$，$\dfrac{\partial v}{\partial y} = \dfrac{y-u}{u-v}$.

```python
[python 代码]：exp5-22.py
from sympy import *
#定义符号及微分后的方程式
x,y,u,v,dx,dy,du,dv=symbols('x,y,u,v,dx,dy,du,dv')
eq1=Eq(2*x*dx+2*y*dy+2*u*du+2*v*dv,0)
eq2=Eq(dx+dy+du+dv,0)
#解方程组,并从解集中取出元组放入变量 r 中
result=linsolve([eq1,eq2], (du,dv,dx,dy))
for i in result:
    r=i
#构造微分等式
du=r[0]
dv=r[1]
print('du=',r[0])
print('dv=',r[1])
#求微分并输出
print('微分 du/dx=',du.diff(dx))
print('微分 du/dy=',du.diff(dy))
print('微分 dv/dx=',dv.diff(dx))
print('微分 dv/dy=',dv.diff(dy))
```

[结果输出]

```
du= dx*(v−x)/(u−v)+dy*(v−y)/(u−v)
dv= dx*(−u+x)/(u−v)+dy*(−u+y)/(u−v)
微分 du/dx= (v−x)/(u−v)
微分 du/dy= (v−y)/(u−v)
微分 dv/dx= (−u+x)/(u−v)
微分 dv/dy= (−u+y)/(u−v)
```

### 5.2.5 方向导数与梯度

偏导数介绍

方向导数是多元函数偏导数的拓展，反映了函数在所给方向函数值的变化快慢情况. 梯度向量指出了函数值增加最快的方向，应用于多元函数的极大值的计算，因此我们需要熟练掌握梯度向量的计算.

**例 23** 求函数 $z = x^2 - 2x^2 y + xy^2 + 1$ 在点 $(1,2)$ 处的梯度，以及从点 $(1,2)$ 到点 $(4,6)$ 的方向导数.

方向导数和梯度，场论初步

［实验方案］

直接利用梯度向量的计算公式以及方向导数的计算公式进行计算：

（1）梯度：先计算偏导数 $\dfrac{\partial z}{\partial x} = 2x - 4xy + y^2$，$\dfrac{\partial z}{\partial y} = -2x^2 + 2xy$.

再代入点 $(1,2)$，可得 $\dfrac{\partial z}{\partial x}\Big|_{(1,2)} = -2$，$\dfrac{\partial z}{\partial y}\Big|_{(1,2)} = 2$，所以梯度为 $(-2,2)$.

（2）方向导数：起点为 $(1,2)$、终点为 $(4,6)$ 的向量坐标表示为 $(3,4)$.

该向量的两个方向余弦为 $\cos\alpha = \dfrac{3}{5}$，$\cos\beta = \dfrac{4}{5}$.

所以方向导数为：$\dfrac{\partial z}{\partial l} = -2 \times \dfrac{3}{5} + 2 \times \dfrac{4}{5} = \dfrac{2}{5}$.

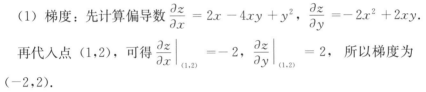

```
[python 代码]:exp5−23.py
from sympy import *
import numpy as np
#创建符号变量
x,y=symbols('x y')
start=np.array([1,2])
end=np.array([4,6])
#计算向量方向余弦
v=end−start
cosv=v/sqrt(v[0]**2+v[1]**2)
print('两点的向量为%s,方向余弦为%s'%(v,cosv))
```

```
#定义函数
z=x**2-2*x**2*y+x*y**2+1
#计算偏导数和梯度
dzx=diff(z,x).subs({x:1,y:2})
dzy=diff(z,y).subs({x:1,y:2})
grad=np.array([dzx,dzy])
#计算方向导数并输出
print('点(1,2)的梯度为%s,方向导数为%s'%(grad,sum(grad*cosv)))
```

[结果输出]

两点的向量为[3　4],方向余弦为[3/5　4/5]
点(1,2)的梯度为[-2　2],方向导数为2/5

## 5.2.6　空间曲线的切线和法平面

空间曲线的切线和法平面计算的关键在于切线的方向向量的计算,无论是由参数方程给出的曲线,还是由两面式给出的曲线都可以通过求导的方法求得切线的方向向量,从而利用直线方程和平面方程的写法写出切线方程和法平面方程.

**例 24**　求曲线 $\begin{cases} 2x^2+3y^2+z^2=9 \\ z^2=3x^2+y^2 \end{cases}$ 在点 $(1,-1,2)$ 处的切线及法平面方程.

多元函数微分法几何应用

[实验方案]

$\begin{cases} 4x+6yy'+2zz'=0 \\ 2zz'=6x+2yy' \end{cases}$ 代入点 $(1,-1,2)$ 可得: $y'=\dfrac{5}{4}$, $z'=\dfrac{7}{8}$.

所以,切线的方向向量 $\boldsymbol{l}=(1,y',z')=\left(1,\dfrac{5}{4},\dfrac{7}{8}\right)=\dfrac{1}{8}(8,10,7)$.

所以切线方程为: $\dfrac{x-1}{8}=\dfrac{y+1}{10}=\dfrac{z-2}{7}$.

法平面方程为:

$8(x-1)+10(y+1)+7(z-2)=0$,即 $8x+10y+7z-12=0$.

[python 代码]:exp5-24.py
```python
from sympy import *
import numpy as np
#定义符号及微分后的方程式
x,y,z,dy,dz=symbols('x,y,z,dy,dz')
eq1=Eq(4*x+6*y*dy+2*z*dz,0)
```

```
eq2=Eq(2*z*dz,6*x+2*y*dy)
#解方程组,并从解集中取出元组放入数值变量中
result=linsolve([eq1. subs({x:1,y:-1,z:2}),eq2. subs({x:1,y:-1,z:2})], (dy,
dz))
l=np. array([1,list(result)[0][0],list(result)[0][1]])
p=np. array([1,-1,2])
sym=np. array([x,y,z])
#计算切线方程
t=(sym-p)/l
print('切线方向向量为:',l)
print('切线方程为:%s=%s=%s'%(t[0],t[1],t[2]))
#计算法平面方程
f=sum(l*(sym-p))
print('法平面方程为:%s=0'%(f))
```

[结果输出]

切线方向向量为:[1 5/4 7/8]
切线方程为:x-1=4*y/5+4/5=8*z/7-16/7
法平面方程为:x+5*y/4+7*z/8-3/2=0

### 5.2.7　曲面的切平面和法线

空间曲面的切平面和法线计算的关键在于切平面的法向量的计算,无论是由显式方程还是隐式方程给出的曲面都可以通过求偏导数的方法求得切平面的法向量,从而利用直线方程和平面方程的写法写出切平面方程和法线方程.

**例 25**　求曲面 $x^2+y^2+z^2+xyz-5=0$ 在 $x=1$,$y=2$,$z=0$ 所对应的点处的切平面与法线方程.

[实验方案]

$x=1$,$y=2$,$z=0$ 所对应点处的法向量为:

$$\boldsymbol{n}=(2\mathrm{x}+\mathrm{yz},2\mathrm{y}+\mathrm{xz},2\mathrm{z}+\mathrm{xy})\Big|_{(1,2,0)}=(2,4,2)=2(1,2,1).$$

所以切平面方程为:$1(x-1)+2(y-2)+1(z-0)=0$, 即 $x+2y+z-5=0$.

法线方程为:$\dfrac{x-1}{1}=\dfrac{y-2}{2}=\dfrac{z}{1}$.

```
[python 代码]:exp5-25.py
from sympy import *
import numpy as np
#定义符号及函数表达式
x,y,z=symbols('x,y,z')
f=x**2+y**2+z**2+x*y*z
#求函数偏导
dx=f.diff(x)
dy=f.diff(y)
dz=f.diff(z)
#定义变量数组、点坐标数组、法向量数组
var=np.array([x,y,z])
p=np.array([1,2,0]) #点坐标
v=np.array([dx.subs({x:1,y:2,z:0}),dy.subs({x:1,y:2,z:0}),dz.subs({x:1,y:2,z:0})]) #法向量
#计算输出切平面、法线方程
print('法向量为:',v)
print('切平面方程:',sum((var-p)*v),'=0')
t=(var-p)/v
print('法线方程:%s=%s=%s'%(t[0],t[1],t[2]))
```

[结果输出]

```
法向量为:[2 4 2]
切平面方程:2*x+4*y+2*z-10 =0
法线方程:x/2-1/2=y/4-1/2=z/2
```

## 5.2.8 函数的极值与条件极值

函数极值的重点内容是可微的二元函数的极值的计算,其方法和一元函数极值计算类似,需要先求出驻点再一一验证驻点是否为极值点,以及是极大值点还是极小值点.条件极值是多元函数在满足一个或多个等式条件限制下的极值,其计算用到拉格朗日乘数法.

**例 26** 求函数 $f(x,y)=4(x-y)-x^2-y^2$ 的极值.

[实验方案]

（1）计算驻点:

令 $f_x(x,y)=4-2x=0$，$f_y(x,y)=-4-2y=0$，可得 $x=2$，$y=-2$.

（2）判断: $f_{xx}(x,y)=-2$，$f_{yy}(x,y)=-2$，$f_{xy}(x,y)=0$.

所以 $\Delta=f^2_{xy}(x,y)-f_{xx}(x,y)f_{yy}(x,y)=-4<0$.

多元函数微分法求极值

因此在驻点（2，−2）函数取得极大值，极大值为 8.

```
[python 代码]:exp5-26.py
from sympy import *
import numpy as np
#定义符号及函数表达式
x,y,z=symbols('x,y,z')
f=4*(x-y)-x**2-y**2
#求函数一次、二次偏导
dx=f.diff(x)
dy=f.diff(y)
dxx=dx.diff(x)
dyy=dy.diff(y)
dxy=dx.diff(y)
#解方程求得驻点
px=solve(dx,x)[0]
py=solve(dy,y)[0]
print('函数驻点为:',(px,py))
#计算判别式并输出结果
delta=dxy**2-dxx*dyy
val=f.subs({x:px,y:py})
if delta<0:
    print('驻点取得极大值',val)
else:
    print('驻点取得极小值',val)
```

[结果输出]

函数驻点为：(2，−2)
驻点取得极大值18

**例 27** 已知长方体体积 $V = 2\ \mathrm{m}^3$，当长宽、高、各为多少时，可令长方体表面积最小.

[实验方案]

本题是条件极值问题，应采用拉格朗日乘数法解决. 假设长、宽、高分别为 $x$，$y$，$z$，表面积为 $S$. 则有：

$xyz = 2$，$S = 2(xy + yz + zx)$. 构造拉格朗日函数：

$F(x,y,z) = 2(xy + yz + zx) + \lambda(xyz - 2)$，令

$$F_x(x, y, z) = 2y + 2z + \lambda yz = 0,$$

$$F_y(x, y, z) = 2x + 2z + \lambda xz = 0,$$

$$F_z(x, y, z) = 2y + 2x + \lambda yx = 0,$$

可得 $x = y = z$，代入 $xyz = 2$，可得 $x = y = z = \sqrt[3]{2}$.

所以当长方体长、宽、高都等于 $\sqrt[3]{2}$ 时，表面积最小.

```
[python 代码]:exp5-27.py
from sympy import *
#定义符号及函数表达式
x,y,z,λ=symbols('x,y,z,λ',real=True)
f=2*(x*y+y*z+z*x)+λ*(x*y*z-2)
#求函数偏导
dx=f.diff(x)
dy=f.diff(y)
dz=f.diff(z)
#构造方程组并求解
system=[dx,dy,dz,x*y*z-2]
vars=[x,y,z,λ]
r=nonlinsolve(system, vars)
#print(nonlinsolve(system, vars))
#转换解集合为列表并取第一组解(实根)
lst=list(r)[0]
print('长=%s 宽=%s 高=%s 时,表面积最小'%(lst[0],lst[1],lst[2]))
```

[结果输出]

```
长=2**(1/3)宽=2**(1/3)高=2**(1/3)时,表面积最小
```

## 5.3　综合案例

**例 28**　最合适的商品定价问题.

某公司持有 100 套公寓要出租，当租金为每月 700 元时，公寓会全部租出去. 当租金每月增加 100 元时，就有一套公寓租不出去，而租出去的房子每月需花 100 元整修维护，试问房租定为多少时可获得最大收入.

[实验方案]

设房租为 $x$ 元，其中 $x = 700, 800, 900\cdots$，是 100 的整数倍.

则租出去的公寓套数为：$100 - \dfrac{x - 700}{100}$.

每月总收入为：

$$R(x) = x(100 - \frac{x-700}{100}) = x(107 - \frac{x}{100}).$$

用乘法求导公式得:

$$R'(x) = (107 - \frac{x}{100}) + x(-\frac{1}{100}) = -\frac{2x}{100} + 107.$$

解得唯一驻点 $x = 5400$.

故每月每套租金为 $5400$ 元时, 能获得最大收入, 最大收入为 $286200$ 元.

$R(x)$ 是一元二次函数, 开口向下, 其对称轴顶点 $x$ 的坐标就是 $x = 5400$. 若令 $x$ 为 $5300$ 或 $5500$, 收入是 $280800$ 元.

```
[python 代码]:exp5-28. py
from sympy import *
#定义符号及函数表达式
x=symbols('x', real=True)
f=x*(100-(x-700)/100)
#求函数偏导
dx=f. diff(x)
#构造方程并求解驻点
r=solve(dx, x)
for i in r:
    r1=round(i/100)*100 #房租为100的整数
    print('极值驻点为:', r1)
    print('当房租为%s 时,收入最大为%s.'%(r1, f. subs(x, r1)))
```

[结果输出]

极值驻点为: $5400$
当房租为 $5400$ 时, 最大收入为 $286200$

**例 29** 鲨鱼追寻猎物的路线问题.

一条鲨鱼在闻到血腥味时, 总是沿着血腥味最浓的方向追寻. 在海面上进行的试验表明, 如果把坐标原点取在血源处, 在海平面上建立平面直角坐标系, 那么点 $(x, y)$ 处的血液浓度 (每百万份水中所含血的份数) 的近似值为 $C = e^{-\frac{x^2 + 2y^2}{10^4}}$, 求鲨鱼从点 $(x_0, y_0)$ 出发向血源前进的路线.

[实验方案]

设鲨鱼前进的路线为曲线 $L: y - f(x)$, 首先建立 $y = f(x)$ 应满足的方程. 鲨鱼追踪最浓烈的血腥味, 所以每一时刻它都将按照血液浓度变化最快, 即 $C$ 的梯度方向前进. 由梯度的计算公式得:

$$\mathbf{grad}C = (\frac{\partial C}{\partial x}, \frac{\partial C}{\partial y}) = 10^{-4} e^{-\frac{x^2 + 2y^2}{10^4}} (-2x, -4y).$$

取鲨鱼前进的方向为曲线 $L$ 的正向，相应方向的切线为正切线，正切线与 $x$ 轴正方向的夹角为 $\theta$，如图 5−1 所示.

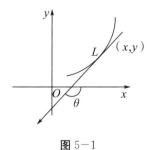

图 5−1

则在点 $(x, y)$ 处 $L$ 的正切线上的方向向量 $\vec{S}$ 可表示为 $(\cos\theta, \sin\theta)$ 或 $(1, \tan\theta) = (1, \dfrac{\mathrm{d}y}{\mathrm{d}x})$，从而也可以表示为 $\vec{S} = (\mathrm{d}x, \mathrm{d}y)$，显然 $\vec{S}$ 与 **grad**$C$ 同向，从而 $\dfrac{\mathrm{d}y}{-2x} = \dfrac{\mathrm{d}y}{-4x}$，于是 $y = f(x)$ 满足的方程为 $\dfrac{\mathrm{d}y}{\mathrm{d}x} = \dfrac{2y}{x}$，初始条件 $y\Big|_{x=x_0} = y_0$，方程的通解为 $y = Ax^2$，代入初始条件得 $A = \dfrac{y_0}{x_0^2}$，故 $y = f(x) = \dfrac{y_0}{x_0^2}x^2$.

```
[python 代码]:exp5−29. py
from sympy import *
#定义符号及函数表达式
x, y, x0, y0, C1=symbols('x y x0 y0 C1')
f=exp(−(x**2+2*y**2)/10**4)
#求函数偏导
dx=f. diff(x)
dy=f. diff(y)
#令 y=F(x),定义 F(x)为函数
F=symbols('F', cls=Function)
#创建微分方程,F(x). diff(x)是 F(x)的微分,注意要把 y 替换成 F(x)
eqn=Eq(F(x). diff(x), (dy/dx). subs(y, F(x)))
solutions=dsolve(eqn, F(x))
print('鲨鱼路线通解为:f(x)=', solutions. rhs)
#构造特解方程,解系数 C1
solutions1=solutions. subs({x:x0, F(x):y0})
C=solve(solutions1, C1)
print('鲨鱼路线方程为:f(x)=', solutions. subs(C1, C[0]). rhs)
```

[结果输出]

鲨鱼路线通解为:f(x)= C1*x**2
鲨鱼路线方程为:f(x)= x**2*y0/x0**2

## 习题 5

1. 求下列函数的导数.

(1) 已知参数方程 $\begin{cases} x = t + t^2, \\ y = \cos 2t, \end{cases}$ 求 $\dfrac{\mathrm{d}y}{\mathrm{d}x}$，并求在 $t = 0$ 处的一阶导数.

(2) 已知函数 $y = f(x)$ 由方程 $\mathrm{e}^{y^2} - \mathrm{e}^{-x} + xy = \ln 2$ 所确定，求 $y'$.

2. 求下列函数的偏导数.

(1) 设 $z = x\ln(xy)$，求 $\dfrac{\partial^3 z}{\partial x \partial y^2}$.

(2) $z = x^2 - 3xy + 2y^3$，求 $\dfrac{\partial z}{\partial y}$ .

3. 求函数 $u = xyz$ 在附加条件 $\dfrac{1}{x} + \dfrac{1}{y} + \dfrac{1}{z} = \dfrac{1}{a}(x > 0, y > 0, z > 0, a > 0)$ 下的极值.

4. 研究曲线 $y = x^3 + 5x^2 + 4x + 1$ 的单调性和凹凸性.

本章示例代码

# 第6章 积　　分

积分是高等数学中的核心概念之一，不仅是微积分理论的重要部分，更在工程和科学领域中有广泛的应用，因此是理工专业大学生必须掌握的知识内容. 通过对本章的学习，掌握利用 Python 解决积分中的各种计算问题，从而提升解决实际问题的能力.

## 6.1　一元函数的积分

### 6.1.1　函数的不定积分

不定积分是定积分的基础，我们需要牢固掌握不定积分计算的换元法、分部积分法等求积的方法.

**例 1**　求不定积分 $\displaystyle\int \frac{2x+3}{x^2+3x-10}\mathrm{d}x$.

[实验方案]

本题采用有理函数求积分的分解法.

因为 $\displaystyle\frac{2x+3}{x^2+3x-10}=\frac{2x+3}{(x-2)(x+5)}=\frac{1}{x-2}+\frac{1}{x+5}$,

所以 $\displaystyle\int \frac{2x+3}{x^2+3x-10}\mathrm{d}x=\ln|x-2|+\ln|x+5|+C$.

不定积分简介

```
[python 代码]:exp6-1.py
from sympy import *
#定义符号 x
x=symbols('x')
#定义函数表达式
exp=(2*x+3)/(x**2+3*x-10)
#计算定积分并打印
print("积分结果:",integrate(exp, x),'+C')
```

[结果输出]

积分结果: log | x**2+3*x-10 | +C

**例 2** 求不定积分 $\int \sqrt{x} \sin \sqrt{x}\, dx$.

[实验方案]

本题采用换元法和分部积分法求解.

令 $t = \sqrt{x}$，则

$$
\begin{aligned}
\int \sqrt{x} \sin \sqrt{x}\, dx &= \int t \sin t\, dt^2 \\
&= 2\int t^2 \sin t\, dt = 2\int t^2 d(-\cos t) \\
&= -2t^2 \cos t + 4\int t \cos t\, dt \\
&= -2t^2 \cos t + 4\int t\, d\sin t \\
&= -2t^2 \cos t + 4t \sin t - 4\int \sin t\, dt \\
&= -2t^2 \cos t + 4t \sin t + 4\cos t + C \\
&= -2x \cos \sqrt{x} + 4\sqrt{x} \sin \sqrt{x} + 4\cos \sqrt{x} + C.
\end{aligned}
$$

```
[python 代码]:exp6-2. py
from sympy import *
#定义符号 x
x,t=symbols('x t')
#定义函数表达式
t=sqrt(x)
exp=t*sin(t)
#计算定积分并打印
print("积分结果:",integrate(exp,t**2),'+C')
```

[结果输出]

积分结果:4*sqrt(x)*sin(sqrt(x))−2*x*cos(sqrt(x))+4*cos(sqrt(x))+C

**例 3** 求不定积分 $\int \ln(1+x^2)\, dx$.

[实验方案]

本题采用分部积分法求解.

$$
\begin{aligned}
\int \ln(1+x^2)\, dx &= x\ln(1+x^2) - \int \frac{2x^2}{1+x^2}\, dx \\
&= x\ln(1+x^2) - 2x + \int \frac{2}{1+x^2}\, dx \\
&= x\ln(1+x^2) - 2x + 2\arctan x + C.
\end{aligned}
$$

[python 代码]:exp6－3.py

```
from sympy import *
#定义符号 x
x=symbols('x')
#定义函数表达式
exp=log(1+x**2)
#计算定积分并打印
print("积分结果:",integrate(exp,x),'+C')
```

[结果输出]

积分结果: x*log(x**2+1)－2*x+2*atan(x)＋C

## 6.1.2　函数的定积分

牛顿－莱布尼兹公式是计算定积分的基本公式，定积分的换元法和分部积分法也是定积分计算经常用到的方法.

**例 4**　计算定积分 $\int_0^1 t\,\mathrm{e}^{-\frac{t^2}{2}}\,\mathrm{d}t$.

[实验方案]

本题采用换元法.

$$\int_0^1 t\,\mathrm{e}^{-\frac{t^2}{2}}\,\mathrm{d}t = -\int_0^1 \mathrm{e}^{-\frac{t^2}{2}}\,\mathrm{d}\left(-\frac{t^2}{2}\right) = -\mathrm{e}^{-\frac{t^2}{2}}\bigg|_{t=0}^{t=1} = -\mathrm{e}^{-\frac{1}{2}}+1.$$

定积分简介、
应用

[python 代码]:exp6－4.py

```
from sympy import *
#定义符号 x
t=symbols('t')
#定义函数表达式
exp=t*exp(-t**2/2)
#计算定积分并打印
print('积分结果:',integrate(exp,(t,0,1)))
```

[结果输出]

积分结果: 1－exp(－1/2)

**例 5** 计算定积分 $\int_{-\frac{\pi}{2}}^{\frac{\pi}{2}} \cos x \cos 2x \, dx$.

[实验方案]

本题先将被积函数恒等变形，然后采用凑微分法进行计算.

$$
\begin{aligned}
\int_{-\frac{\pi}{2}}^{\frac{\pi}{2}} \cos x \cos 2x \, dx &= 2\int_{0}^{\frac{\pi}{2}} \cos x \cos 2x \, dx \\
&= 2\int_{0}^{\frac{\pi}{2}} (1 - 2\sin^2 x) \, d\sin x \\
&= 2\sin x - \frac{4}{3}\sin^3 x \, \Big|_{x=0}^{x=\frac{\pi}{2}} = \frac{2}{3}
\end{aligned}
$$

```
[python 代码]:exp6-5.py
from sympy import *
#定义符号 x
x=symbols('x')
#定义函数表达式
exp=cos(x)*cos(2*x)
#计算定积分并打印
print('积分结果:',integrate(exp,(x,-pi/2,pi/2)))
```

[结果输出]

积分结果: 2/3

## 6.1.3 广义积分

从定积分推广到广义积分，用到了极限工具. 广义积分和常义积分既有相同点又有不同点，读者要掌握它们的异同点，熟练进行广义积分的计算.

**例 6** 计算广义积分 $\int_{0}^{+\infty} \frac{x}{(1+x)^3} \, dx$.

[实验方案]

本题采用恒等变形法计算原函数.

广义积分简介

$$
\begin{aligned}
\int_{0}^{+\infty} \frac{x}{(1+x)^3} \, dx &= \int_{0}^{+\infty} \frac{x+1-1}{(1+x)^3} \, dx \\
&= \int_{0}^{+\infty} \frac{1}{(1+x)^2} - \frac{1}{(1+x)^3} \, dx \\
&= -\frac{1}{1+x} + \frac{1}{2}\frac{1}{(1+x)^2} \, \Big|_{0}^{+\infty} = \frac{1}{2}.
\end{aligned}
$$

[python 代码]:exp6-6.py
```
from sympy import *
#定义符号 x
x=symbols('x')
#定义函数表达式
exp=x/((1+x)**3)
#计算广义积分并打印
print('积分结果:',integrate(exp,(x,0,oo)))
```

[结果输出]

积分结果:1/2

**例 7**　计算广义积分 $\displaystyle\int_0^1 \frac{1}{(2-x)\sqrt{1-x}}\mathrm{d}x$.

[实验方案]

本题采用换元法.

令 $t=\sqrt{1-x}$，则

$$\int_0^1 \frac{1}{(2-x)\sqrt{1-x}}\mathrm{d}x = \int_1^0 \frac{-2t}{(1+t^2)t}\mathrm{d}t$$

$$= 2\int_0^1 \frac{1}{1+t^2}\mathrm{d}t = 2\arctan t\,\Big|_0^1 = \frac{\pi}{2}.$$

[python 代码]:exp6-7.py
```
from sympy import *
#定义符号 x
x=symbols('x')
#定义函数表达式
exp=1/((2-x)*sqrt(1-x))
#计算广义积分并打印
print('积分结果:',integrate(exp,(x,0,1)))
```

[结果输出]

积分结果:-pi/2

　　一元函数的积分理论有着广泛的应用，本节我们只介绍积分在计算平面图形的面积、旋转体的体积和侧面积、平面曲线的弧长等方面的应用.计算时先画出所涉及的几何图形，对于我们用积分进行计算更有益.

积分方法

## 6.1.4 平面图形的面积

**例 8** 求由曲线 $y = \ln x$，直线 $y = e + 1 - x$ 及直线 $y = 0$ 所围成的图形面积.

[实验方案]

通过 Python 画出所围成的平面图形，如图 6-1 所示.

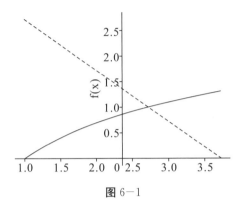

**图** 6-1

所求图形面积用定积分表示为：

$$A = \int_0^1 (e + 1 - y - e^y) \, dy = \frac{3}{2}.$$

[python 代码]：exp6-8. py

```python
from sympy import *
from sympy. plotting import plot
#所围图形绘制
x= symbols('x')
#图中 x 取值范围为(1, E+1)
plot(log(x),exp(1)+1-x, 0,(x, 1, E+1))
#积分运算
y= symbols('y') #定义符号
#定义函数表达式
expr=exp(1)+1-y-exp(y)
#计算积分并输出
integ=integrate(expr,(y,0,1))
print("所围面积为:",integ)
```

[结果输出]

```
所围面积为：3/2
```

**例 9**　求由极坐标方程 $r = 2a\cos\theta$ 给出的曲线围成的图形面积.

[实验方案]

通过 Python 画出所围成的平面图形，如图 6−2 所示.

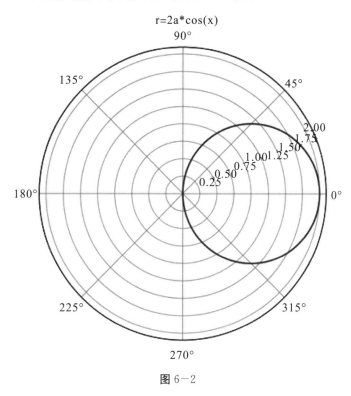

图 6−2

所求图形面积用定积分表示为：

$$A = 2\int_0^{\frac{\pi}{2}} \frac{1}{2}(2a\cos\theta)^2 \mathrm{d}\theta = \pi a^2.$$

[python 代码]：exp6−9.py

```
from sympy import *
import matplotlib.pyplot as plt
import numpy as np
#保证极径 r 为正数,定义 x 的取值范围为−π/2 到 π/2
x=np.linspace(−0.5*np.pi, 0.5*np.pi,100)   # 定义 x 的取值范围为0到2π
a=1   #定义参数 a
#计算 r 的值
r=2 * a * np.cos(x)
#极坐标绘制图形
```

```
plt. polar(x, r)
plt. title('r=2a*cos(x)')
plt. show()
#积分计算
x,a= symbols('x a')
#定义函数表达式
expr=(2*a*cos(x))**2/2
integ=integrate(expr,(x,0,pi/2))
print("所围面积为:",2*integ)
```

［结果输出］

所围面积为:pi*a**2

**例 10** 求由参数方程 $x = a\cos^3 t$，$y = a\sin^3 t$ 给出的曲线围成的图形面积.
［实验方案］
通过 Python 画出所围成的平面图形，如图 6-3 所示.

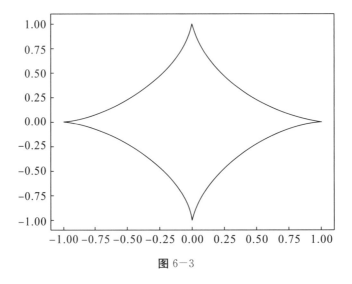

图 6-3

所求面积用定积分表示为：

$$A = 4\int_{\frac{\pi}{2}}^{0} a\sin^3 t\, \mathrm{d}a\cos^3 t = 12a^2 \int_{0}^{\frac{\pi}{2}} \sin^3 t\cos^2 t\sin t\, \mathrm{d}t$$

$$= 12a^2 \int_{0}^{\frac{\pi}{2}} \sin^3 t(1 - \sin^2 t)\sin t\, \mathrm{d}t$$

$$= 12a^2 \int_{0}^{\frac{\pi}{2}} (\sin^4 t - \sin^6 t)\, \mathrm{d}t$$

$$= 12a^2 \left(\frac{3!!}{4!!} - \frac{5!!}{6!!}\right) \frac{\pi}{2} = \frac{3\pi a^2}{8}.$$

```
[python 代码]:exp6-10.py
from sympy import *
import matplotlib. pyplot as plt
import numpy as np
#定义变量和参数
t=np. linspace(0, 2*np. pi, 100)    # 定义 t 的取值范围为0到2π
a=1   #定义参数 a
#计算 x 和 y 的值
x=a * np. cos(t)**3
y=a * np. sin(t)**3
#绘制图形
plt. plot(x, y)
plt. show()
#积分计算部分
x,y,t,a= symbols('x y t a') #定义符号
#定义曲线
x=a*cos(t)**3
y=a*sin(t)**3
#构造积分函数
expr=y*x. diff(t)
#计算所围区域面积并输出
area=4*integrate(expr,(t,pi/2,0))
print('所围面积:', area)
```

［结果输出］

所围面积: 3*pi*a**2/8

## 6.1.5　平面曲线的弧长

**例 11**　计算曲线 $y = \ln x$ 上相应于 $\sqrt{3} \leqslant x \leqslant \sqrt{8}$ 的一段弧的长度.
［实验方案］
直接代入弧长的计算公式得：

$$s = \int_{\sqrt{3}}^{\sqrt{8}} \sqrt{1 + \frac{1}{x^2}}\,\mathrm{d}x = \int_{\sqrt{3}}^{\sqrt{8}} \frac{\sqrt{1+x^2}}{x}\,\mathrm{d}x = \frac{2 + \ln 3 - \ln 2}{2}.$$

```
[python 代码]:exp6-11.py
from sympy import *
x=Symbol('x')
```

```
y=log(x) #定义曲线
#定义 x 值域
start =sqrt(3)
end =sqrt(8)
#构造积分函数
exp =sqrt(1+y. diff(x)**2)
#计算线积分
arc_length=integrate(exp, (x, start, end))
print('弧线长度:',expand(arc_length))
```

［结果输出］

弧线长度:$-\text{asinh}(\text{sqrt}(2)/4)+\text{asinh}(\text{sqrt}(3)/3)+1$

通过数值计算验证,上述表达式等同 $\dfrac{2+\ln3-\ln2}{2}$.

### 6.1.6 旋转体的体积和侧面积

**例 12** 求 $y=x^2$ 与 $y=x^3$ 围成的图形绕 $x$ 轴旋转所成的旋转体体积及侧面积.

［实验方案］

通过 Python 画出旋转而成的立体图形,如图 6-4 所示.

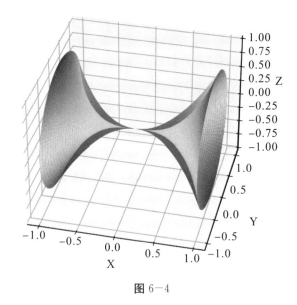

图 6-4

所求旋转体体积用定积分表示为:

$$V = \pi \int_0^1 (x^4 - x^6)\,\mathrm{d}x = \frac{2\pi}{35}.$$

所求旋转体侧面积用定积分表示为：

$$A = 2\pi \int_0^1 (x^2 \sqrt{1+4x^2} + x^3 \sqrt{1+9x^4})\,\mathrm{d}x$$

$$= \pi \left[ \frac{9\sqrt{5}}{16} - \frac{\ln(2+\sqrt{5})}{32} + \frac{10\sqrt{10}-1}{27} \right].$$

```python
[python 代码]:exp6-12.py
from sympy import *
import numpy as np
from mpl_toolkits. mplot3d import Axes3D
frommatplotlib import cm
#(1)旋转体图形绘制
#利用极坐标计算,生成 x, y, z 的数据
x=np. linspace(-1, 1, 100)
zt=np. linspace(0, 2*np. pi, 100)
x, zt=np. meshgrid(x, zt)
y=x**2*np. sin(zt)
z=x**2*np. cos(zt)
y1=x**3*np. sin(zt)
z1=x**3*np. cos(zt)
#绘制曲面
fig =plt. figure()
ax=fig. add_subplot(111, projection='3d')
ax. plot_surface(x, y, z,rstride=1, cstride=1, cmap='viridis')
ax. plot_surface(x, y1, z1,rstride=1,cstride=1, cmap=cm. coolwarm)
#设置坐标轴标签
ax. set_xlabel('X')
ax. set_ylabel('Y')
ax. set_zlabel('Z')
plt. show() # 显示图像
#(2)计算体积和侧面积
x=Symbol('x')
#定义曲线
curve1=x**2
curve2=x**3
#计算曲线交点获得积分上下限
cross= solve(curve1-curve2, x)
x_start =cross[0]
x_end=cross[1]
```

```
#计算体积
volume=pi * integrate((curve1**2-curve2**2), (x, x_start, x_end))
#计算侧面积
f=2 * pi * (x**2 *sqrt(1+4*x**2)+x**3*sqrt(1+9*x**4))
surface_area=integrate(f, (x, x_start, x_end))
print("体积:", volume)
print("侧面积:", surface_area)
```

［结果输出］

```
体积: 2*pi/35
侧面积:-pi/27+2*pi*(-asinh(2)/64+5*sqrt(10)/27+9*sqrt(5)/32)
```

通 过 数 值 计 算 验 证 , 所 求 旋 转 体 侧 面 积 表 达 式 等 同 $\pi\left[\frac{9\sqrt{5}}{16}-\right.$ $\left.\frac{\ln(2+\sqrt{5})}{32}+\frac{10\sqrt{10}-1}{27}\right]$.

## 6.1.7 变限函数的导数

变限函数求导的核心是变上限函数的求导公式,其他变限函数的求导都可以利用定积分的性质转化为变上限函数求导来解决.

**例 13** 计算 $\dfrac{\mathrm{d}}{\mathrm{d}x}\displaystyle\int_{1}^{\sqrt{\ln x}}\mathrm{e}^{t^2}\,\mathrm{d}t$.

［实验方案］

$$\frac{\mathrm{d}}{\mathrm{d}x}\int_{1}^{\sqrt{\ln x}}\mathrm{e}^{t^2}\,\mathrm{d}t=\mathrm{e}^{(\sqrt{\ln x})^2}\,(\sqrt{\ln x})'=\frac{1}{2\sqrt{\ln x}}.$$

```
［python 代码］:exp6-13. py
from sympy import *
x,t= symbols('x t') #定义符号
#定义函数表达式
expr=exp(t**2)
#先算积分部分
integ_tmp=integrate(expr,(t,1,sqrt(ln(x))))
#求导并输出
print('积分结果:',integ_tmp. diff(x))
```

［结果输出］

```
积分结果:1/(2*sqrt(log(x)))
```

## 6.2 多元函数的积分

积分理论从一元函数延伸到多元函数，不仅是被积函数从一元变到多元，还是积分范围从区间变到平面区域、空间区域以及空间曲线和曲面，从而使积分的内涵得到了较大扩展. 需要掌握的积分计算类型包含二重积分、三重积分、（一类、二类）曲线积分和（一类、二类）曲面积分.

### 6.2.1 二重积分

二重积分计算的基本思想是将二重积分转化为二次积分来计算，在计算过程中要选择合适的积分次序，有时还需要在极坐标中计算二重积分.

**例 14** 计算二重积分：$\iint\limits_{D} y e^{xy} \mathrm{d}x \mathrm{d}y$，其中积分区域 $D$ 是由 $y = \ln 2$，

二重积分介绍

$y = \ln 3$，$x = 2$，$x = 4$ 所围成的图形.

[实验方案]

通过 Python 画出积分区域，如图 6－5 所示.

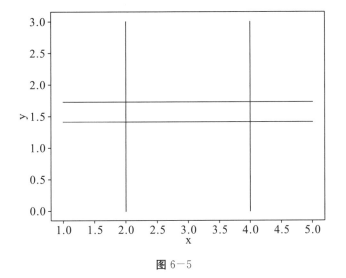

图 6－5

直接化二次积分得：$\iint\limits_{D} y e^{xy} \mathrm{d}x \mathrm{d}y = \int_{2}^{4} \mathrm{d}x \int_{\ln 2}^{\ln 3} y e^{xy} \mathrm{d}y = \dfrac{55}{4}$.

[python 代码]：exp6－14.py

```python
from sympy import *
import numpy as np
import matplotlib.pyplot as plt
#图形绘制
```

```
#构造 x,y 取值
x=np. linspace(1, 5, 10)
y=np. linspace(0, 3, 10)
#绘制4条直线
plt. plot(x,np. sqrt(2)*x/x, x, np. sqrt(3)*x/x, 2*x/x, y, 4*x/x, y)
#设置坐标轴标签
plt. xlabel('x')
plt. ylabel('y')
plt. show()
#积分计算
x,y= symbols('x y') #定义符号
x,y,z= symbols('x y z') #定义符号
#定义函数表达式
expr =y*exp(x*y)
#计算积分并输出
integ=integrate(expr,(y,ln(2),ln(3)),(x,2,4))
print('积分结果:',integ)
```

[输出结果]

积分结果:55/4

**例 15**  计算二重积分：$\iint\limits_{D}\arctan\dfrac{y}{x}\mathrm{d}x\mathrm{d}y$，其中积分区域 $D$ 是由 $1 \leqslant x^2 + y^2 \leqslant 4$，$x \geqslant 0$，$y \geqslant 0$ 所围成的图形.

[实验方案]

通过 Python 画出积分区域，如图 6−6 所示.

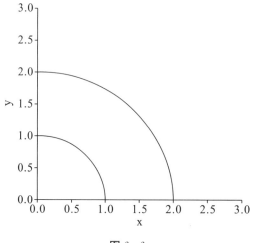

图 6−6

在极坐标系中将二重积分转化为二次积分得：

$$\iint\limits_{D} \arctan \frac{y}{x} \mathrm{d}x\mathrm{d}y = \int_{0}^{\frac{\pi}{2}} \mathrm{d}\theta \int_{1}^{2} \theta r \mathrm{d}r = \frac{3\pi^2}{16}.$$

```python
[python 代码]:exp6-15.py
from sympy import *
#(1)图形绘制
x, y=symbols('x y')
#定义曲线方程
e1=Eq(x**2+y**2, 1) # x**2+y**2=1
e2=Eq(x**2+y**2, 4)
#绘制积分域图形
pt1=plot_implicit(e1, (x, 0, 3),(y,0,3),show=False) #暂不显示
pt2=plot_implicit(e2, (x, 0, 3),(y,0,3),show=False)
pt1.append(pt2[0]) #两张图合并
pt1.show() #显示
#(2)计算积分
zeta,r= symbols('zeta r') #定义符号
#定义函数表达式
expr =zeta*r
integ=integrate(expr,(r,1,2),(zeta,0,pi/2))
print('积分结果:',integ)
```

[输出结果]

积分结果:3*pi**2/16

## 6.2.2 三重积分

三重积分的计算思路是将三重积分转化为三次积分，同时根据积分区域的特点选择用直角坐标系、柱坐标系或者球坐标系进行计算.

**例 16** 计算三重积分 $\iiint\limits_{V} \frac{\mathrm{d}x\mathrm{d}y\mathrm{d}z}{(x+y+z)^3}$，其中，$V$ 是由

$$\begin{cases} -1 \leqslant x \leqslant 1 \\ 1 \leqslant y \leqslant 2 \quad \text{所围成的区域.} \\ 1 \leqslant z \leqslant 2 \end{cases}$$

三重积分介绍

[实验方案]

通过 Python 画出积分区域，如图 6-7 所示.

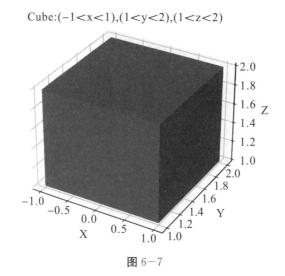

Cube:(-1<x<1),(1<y<2),(1<z<2)

图 6-7

在直角标系中将三重积分转化为三次积分得：

$$\iiint\limits_{V}\frac{\mathrm{d}x\,\mathrm{d}y\,\mathrm{d}z}{(x+y+z)^3}=\int_{-1}^{1}\mathrm{d}x\int_{1}^{2}\mathrm{d}y\int_{1}^{2}\frac{1}{(x+y+z)^3}\mathrm{d}z=\frac{\ln5}{2}-\ln2.$$

```
[python 代码]：exp6-16.py
from sympy import *
import matplotlib. pyplot as plt
from mpl_toolkits. mplot3d import Axes3D
import numpy as np
#(1)积分区域绘制
#创建图形对象和三维坐标轴
fig =plt. figure()
ax=fig. add_subplot(111, projection='3d')
#产生给定范围的 x,y,z 值
x=np. linspace(-1,1,50)
y=np. linspace(1,2,50)
z=np. linspace(1,2,50)
#网格化数据
X, Y=np. meshgrid(x, y)
X1, Z1=np. meshgrid(x, z)
Y2, Z2=np. meshgrid(y, z)
ax. plot_surface( X, Y, X-X+1, color='g' ) #平面 z=1
ax. plot_surface( X, Y, X-X+2, color='g' ) #平面 z=2
ax. plot_surface( X1, X1-X1+1, Z1, color='g' ) #平面 y=1
ax. plot_surface( X1, X1-X1+2, Z1, color='g' ) #平面 y=2
```

```
ax. plot_surface( Y2-Y2-1, Y2, Z2, color='g' ) ♯平面 x=-1
ax. plot_surface( Y2-Y2+1, Y2, Z2, color='g' ) ♯平面 x=1
♯设置坐标轴标签
ax. set_xlabel('X')
ax. set_ylabel('Y')
ax. set_zlabel('Z')
♯设置图形标题
plt. title('Cube:(-1<x<1),(1<y<2),(1<z<2)')
plt. show()
♯(2)积分计算
x,y,z= symbols('x y z') ♯定义符号
♯定义函数表达式
expr=(x+y+z)**(-3)
♯计算积分并输出
integ=integrate(expr,(z,1,2),(y,1,2),(x,-1,1))
print('积分结果:',integ)
```

[结果输出]

积分结果:$-\log(4)-\log(3)/2+\log(2)+\log(15)/2$

**例 17** 计算三重积分 $\iiint\limits_{V} \dfrac{\mathrm{d}x\,\mathrm{d}y\,\mathrm{d}z}{x^2+y^2+1}$，其中，$V$ 是由锥面 $x^2+y^2=z^2$ 及平面 $z=1$ 所围成的区域.

[实验方案]

通过 Python 画出积分区域，如图 6-8 所示.

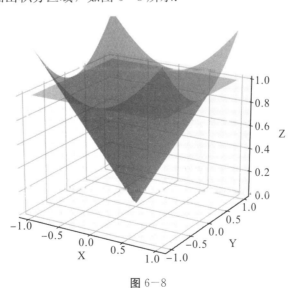

图 6-8

在柱标系中将三重积分转化为三次积分得：

$$\iiint\limits_{V} \frac{\mathrm{d}x\,\mathrm{d}y\,\mathrm{d}z}{x^2+y^2+1} = \int_0^{2\pi}\mathrm{d}\theta\int_0^1 r\,\mathrm{d}r\int_r^1 \frac{1}{1+r^2}\mathrm{d}z = \pi\ln2 - 2\pi + \frac{\pi^2}{2}.$$

```
[python 代码]:exp6-17.py
from sympy import *
import matplotlib. pyplot as plt
import numpy as np
#(1)积分区域绘制
fig =plt. figure()
ax=fig. add_subplot(111, projection='3d')
#定义 x 的取值范围
x=np. linspace(-1, 1, 100)
#创建网格
X, Y =np. meshgrid(x, x)
#计算 Z 坐标
Z=np. sqrt(X**2+Y**2)
#绘制曲面
ax. plot_surface(X, Y, Z, alpha=0. 5)
ax. plot_surface(X, Y, X-X+1,alpha=0. 5)
#设置坐标轴标签
ax. set_zlim(0,1)
ax. set_xlabel('X')
ax. set_ylabel('Y')
ax. set_zlabel('Z')
plt. show()
#(2)积分计算
zet,r,z= symbols('zet r z') #定义符号
#定义函数表达式
expr=r/(1+r**2)
#计算积分并输出
integ=integrate(expr,(z,r,1),(r,0,1),(zet,0,2*pi))
print('积分结果:', integ)
```

[结果输出]

积分结果：2*pi*(-1+log(2)/2+pi/4)

**例 18** 计算三重积分 $\iiint\limits_{V} \frac{z}{x^2+y^2+z^2+1}\mathrm{d}x\,\mathrm{d}y\,\mathrm{d}z$，其中，$V$ 是由球面 $x^2+y^2+z^2=1$ 所围成的区域.

[实验方案]

通过 Python 画出积分区域，如图 6-9 所示.

$$V：x^2+y^2+z^2=1$$

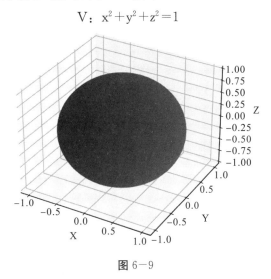

图 6-9

本题可以在球坐标系中计算，但利用对称性进行计算最为简单. 因为被积函数是关于 $z$ 的奇函数，积分区域关于 $xOy$ 坐标平面对称，所以积分为 0.

在球坐标系中计算过程为：

$$\iiint\limits_{V} \frac{z}{x^2+y^2+z^2+1}\mathrm{d}x\mathrm{d}y\mathrm{d}z = \int_0^{2\pi}\mathrm{d}\theta\int_0^{\pi}\mathrm{d}\varphi\int_0^1 \frac{\rho\cos\varphi}{\rho^2+1}\rho^2\sin\varphi\mathrm{d}\rho$$

$$= \int_0^{2\pi}\mathrm{d}\theta\int_0^{\pi}\cos\varphi\sin\varphi\mathrm{d}\varphi\int_0^1 \frac{\rho}{\rho^2+1}\rho^2\mathrm{d}\rho$$

$$= 0.$$

[python 代码]：exp6-18. py

```python
from sympy import *
import matplotlib. pyplot as plt
import numpy as np
#(1)积分区域绘制
#创建图形对象和三维坐标轴
fig =plt. figure()
ax=fig. add_subplot(111, projection='3d')
#用极坐标生成球面上的点坐标
theta=np. linspace(0, 2*np. pi, 100)
phi=np. linspace(0, np. pi, 100)
```

```
theta, phi=np. meshgrid(theta, phi)
x=np. sin(phi) * np. cos(theta)
y=np. sin(phi) * np. sin(theta)
z=np. cos(phi)
ax. plot_surface(x, y, z) #绘制球面
#设置坐标轴标签
ax. set_xlabel('X')
ax. set_ylabel('Y')
ax. set_zlabel('Z')
#设置图形标题
plt. title('V:x**2+y**2+z**2=1')
plt. show()
#(2)积分计算
zet, rho, phi= symbols('zet rho phi') #定义符号
#定义积分表达式
expr=rho*cos(phi)*rho**2*sin(phi)/(rho**2+1)
#计算积分并输出
integ=integrate(expr,(rho,0,1),(phi,0,pi),(zet,0,2*pi))
print('积分结果:', integ)
```

［结果输出］

积分结果: 0

## 6.2.3　一类曲线积分

曲线积分的基本计算方法是利用积分曲线的参数方程将曲线积分转化为定积分进行计算，而二类闭合的曲线积分还可以格林公式和斯托克斯公式进行计算.

**例 19**　求 $\int_L \dfrac{\mathrm{d}l}{x-y}$，其中 $L$ 是点 $A(0,-2)$ 到点 $B(4,0)$ 的线段.

［实验方案］

通过 Python 画出积分曲线 $L$，如图 6-10 所示.

曲线积分介绍

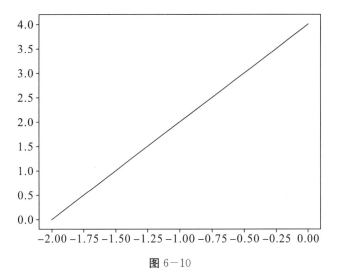

图 6—10

$L$ 表达式为 $y = \dfrac{1}{2}x - 2$，直接将此一类曲线积分化为定积分得：

$$\int_L \frac{\mathrm{d}l}{x-y} = \int_{-2}^{0} \frac{1}{4+2y-y}\sqrt{5}\,\mathrm{d}y = \sqrt{5}\ln 2.$$

[python 代码]：exp6—19. py

```python
from sympy import *
import matplotlib. pyplot as plt
#积分图形绘制
xpoints=[0, -2] #x 轴坐标值
ypoints=[4, 0] #y 轴坐标值
plt. plot(xpoints, ypoints)
plt. show()
#计算积分
x, y=symbols('x y')
exp=1/(x-y)
line=2*y+4
#定义积分上下限
start=-2
end=0
#计算定积分
exp1=exp. subs(x,line)*sqrt(1+line. diff(y)**2)
integral=integrate(exp1, (y, start, end))
print('积分结果:',integral)
```

[结果输出]

积分结果：$-$sqrt(5)*log(2)$+$sqrt(5)*log(4)

**例 20** 求 $\displaystyle\int_{\Gamma} z \, \mathrm{d}l$，其中 $\Gamma$ 为有界的螺线 $\begin{cases} x = t\cos t \\ y = t\sin t \\ z = t \end{cases} (0 \leqslant t \leqslant 1)$.

[实验方案]

通过 Python 画出积分曲线，如图 6－11 所示.

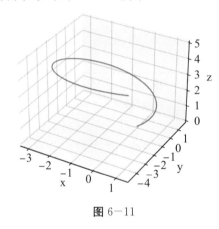

**图 6－11**

直接将此一类曲线积分化为定积分得：

$$\int_{\Gamma} z \, \mathrm{d}l = \int_0^1 t \sqrt{(\cos t - t\sin t)^2 + (\sin t + t\cos t)^2 + 1} \, \mathrm{d}t$$

$$= \int_0^1 t \sqrt{2 + t^2} \, \mathrm{d}t$$

$$= \frac{3\sqrt{3} - 2\sqrt{2}}{3}.$$

[python 代码]：exp6－20.py

```python
from sympy import *
from sympy.plotting import plot3d_parametric_line
#(1)图形绘制
t=sp.symbols('t')
t0=5
#定义参数方程
xpt=t * cos(t)
ypt=t * sin(t)
zpt=t
#绘制参数方程的螺旋线
plot=plot3d_parametric_line(x, y, z, (t, 0, t0), show=False)
```

```
plot. show() #显示图形
#(2)计算积分
x=t*cos(t)
y=t*sin(t)
z=t
#定义积分上下限
start=0
end=1
#构造积分表达式并用 simplify()进行简化
expr=simplify(t*sqrt(x. diff(t)**2+y. diff(t)**2+z. diff(t)**2))
integral=integrate(expr, (t,start,end))
print('积分结果:',integral)
```

［结果输出］

积分结果:$-2*sqrt(2)/3+sqrt(3)$

## 6.2.4 一类曲面积分

曲面积分的基本计算方法是利用积分曲面的方程将曲面积分转化为二重积分，而闭合的二类曲面积分还可以高斯公式进行计算．计算积分的过程中，充分利用对称性是简化运算的常用办法．

曲面积分简介

**例 21** 求 $\iint\limits_{S} \left(z + 2x + \dfrac{4}{3}y\right)\mathrm{d}S$，其中，$S$ 为平面 $\dfrac{x}{2} + \dfrac{y}{3} + \dfrac{z}{4} = 1$ 在第一卦限中的部分．

［实验方案］

通过 Python 画出积分曲面，如图 6-12 所示.

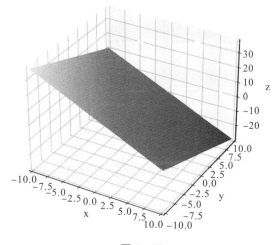

图 6-12

直接将此一类曲面积分化为二重积分得：

$$\iint\limits_{S}\left(z+2x+\frac{4}{3}y\right)\mathrm{d}S = \iint\limits_{D_{xy}}\left(4-2x-\frac{4}{3}y+2x+\frac{4}{3}y\right)\sqrt{1+(-2)^2+\left(-\frac{4}{3}\right)^2}\,\mathrm{d}x\mathrm{d}y$$

$$= \iint\limits_{D_{xy}} 4\sqrt{1+(-2)^2+\left(-\frac{4}{3}\right)^2}\,\mathrm{d}x\,\mathrm{d}y$$

$$= \frac{4\sqrt{61}}{3}\times\frac{1}{2}\times 2\times 3 = 4\sqrt{61}.$$

注：$D_{xy}$ 表示被积分曲面在 $xOy$ 坐标面中的投影.

[python 代码]：exp6-21.py

```
from sympy import *
from sympy. plotting import plot3d
#(1)图形绘制
x, y=symbols('x y') #创建符号变量
z=(1-x/2-y/3) * 4 #定义平面方程
#绘制平面方程
plot=plot3d(z, (x, -10, 10), (y, -10, 10),show=False)
plot. zlabel='z' # 设置坐标轴标签
plot. show() #显示图形
#(2)积分计算
x,y,z=symbols('x y z')
z=(1-x/2-y/3)*4
zx=z. diff(x)
zy=z. diff(y)
#构造积分函数
exp=(z+2*x+4*y/3)*sqrt(1+zx**2+zy**2)
#计算二重积分
integral=integrate(exp, (y,0,(3-3*x/2)),(x,0,2))
print("积分结果:",integral)
```

[结果输出]

积分结果:4*sqrt(61)

## 6.2.5　二类曲线积分

**例 22**　求 $\int_{\Gamma}x\mathrm{d}x+y\mathrm{d}y+(x+y-1)\mathrm{d}z$，其中，$\Gamma$ 是从点 $(1,1,1)$ 到点 $(2,3,4)$ 的直线段.

[实验方案]

通过 Python 画出积分曲线，如图 6−13 所示.

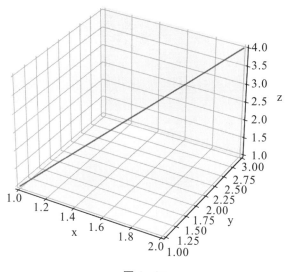

对坐标的曲线
积分

图 6−13

$\Gamma$ 的参数方程为：$x = t +1$，$y = 2t +1$，$z = 3t +1$，$t$ 从 0 变到 1.　直接将此二类曲线积分转化为定积分得：

$$\int_{\Gamma} x\,\mathrm{d}x + y\,\mathrm{d}y + (x + y -1)\,\mathrm{d}z = \int_{0}^{1} [t +1 + 2(2t +1) + 3(3t +1)]\mathrm{d}t = 13.$$

```
[python 代码]:exp6−22. py
from sympy import *
from sympy. plotting import *
t=symbols('t')
#定义参数方程
x=t+1
y=2*t+1
z=3*t+1
#(1)图形绘制
plot=plot3d_parametric_line(x, y, z,(t, 0, 1))
#(2)积分计算.原积分中的 dx,dy,dz 替换为 dt
exp=x*x. diff(t)+y*y. diff(t)+(x+y−1)*z. diff(t)
#定义积分上下限
start=0
end=1
#计算定积分
integral=integrate(exp, (t,start, end))
print("积分结果:",integral)
```

[结果输出]

积分结果:13

**例 23** 计算曲线积分 $\oint_L (x+y)\mathrm{d}x - (x-y)\mathrm{d}y$，其中，$L$ 为按逆时针方向绕椭圆 $\dfrac{x^2}{a^2} + \dfrac{y^2}{b^2} = 1$ 一周的路径.

[实验方案]

通过 Python 画出积分曲线，如图 6-14 所示.

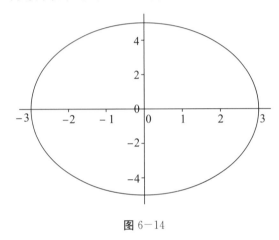

图 6-14

本题的积分曲线是闭合曲线，所以采用格林公式化为二重积分进行计算.

$$\oint_L (x+y)\mathrm{d}x - (x-y)\mathrm{d}y = \iint_D (-1-1)\mathrm{d}x\mathrm{d}y = -2\pi ab.$$

```
[python 代码]:exp6-23.py
from sympy import *
from sympy. plotting import *
t,a,b=symbols('t a b')
#(1)图形绘制
a,b=3,5
plot=plot_parametric(a*cos(t), b*sin(t),(t, 0, 2*pi))
#(2)积分计算
x,y,t,a,b=symbols('x y z a b')
x=a*cos(t)
y=b*sin(t)
#原积分中的 dx,dy 替换为 dt
expr=(x+y)*x. diff(t)-(x-y)*y. diff(t)
```

```
#定义积分上下限
start=0
end=2*pi
#计算定积分
integral=integrate(expr, (t,start, end))
print("积分结果:",integral)
```

［结果输出］

积分结果：−2*pi*a*b

### 6.2.6 二类曲面积分

**例 24** 计算 $\iint\limits_{\Sigma} z\,\mathrm{d}x\,\mathrm{d}y + x\,\mathrm{d}y\,\mathrm{d}z + y\,\mathrm{d}z\,\mathrm{d}x$，其中 $\Sigma$ 是柱面 $x^2+y^2=1$ 被平面 $z=0$ 及 $z=3$ 所截得的第一卦限内的部分前侧.

［实验方案］

通过 Python 画出积分曲面，如图 6−15 所示.

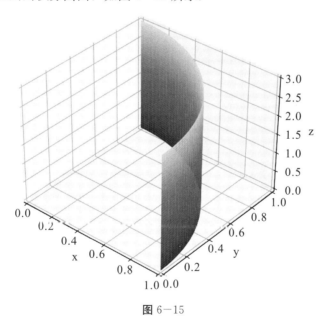

**图 6−15**

本题直接将二次曲面积分转化为二重积分进行计算.

$$\iint\limits_{\Sigma} z\,\mathrm{d}x\,\mathrm{d}y = 0,$$

$$\iint\limits_{\Sigma} x\,\mathrm{d}y\,\mathrm{d}z = \iint\limits_{D_{yz}} \sqrt{1-y^2}\,\mathrm{d}y\,\mathrm{d}z = \int_{-1}^{1}\mathrm{d}y\int_{0}^{3}\sqrt{1-y^2}\,\mathrm{d}z = \frac{3\pi}{2},$$

$$\iint\limits_{\Sigma} y \mathrm{d}x \mathrm{d}z = \iint\limits_{D_{xz}} \sqrt{1-x^2}\, \mathrm{d}x\mathrm{d}z = \int_{-1}^{1} \mathrm{d}x \int_{0}^{3} \sqrt{1-x^2}\, \mathrm{d}z = \frac{3\pi}{2}.$$

所以，$\iint\limits_{\Sigma} z\mathrm{d}x\mathrm{d}y + x\mathrm{d}y\mathrm{d}z + y\mathrm{d}z\mathrm{d}x = \frac{3\pi}{2} + \frac{3\pi}{2} = 3\pi$.

[python 代码]:exp6-24. py
```
from sympy import *
from sympy. plotting import plot3d_parametric_surface
#(1)图形绘制
theta, z=symbols('theta z')
#定义柱面参数方程
x=cos(theta)
y=sin(theta)
#绘制柱面及截面图形
plot=plot3d_parametric_surface(x, y, z,(theta, 0, pi/2), (z, 0, 3))
#(2)积分计算
x,y,z=symbols('x y z')
#分别计算定积分
integral1=integrate(sqrt(1-y**2), (z,0, 3),(y,-1,1))
integral2= integrate(sqrt(1-x**2), (z,0,3),(x,-1,1))
print("积分结果:",integral1+integral2)
```

[结果输出]

积分结果:3*pi

**例 25** 计算 $\oiint\limits_{S} (x^2 - yz)\mathrm{d}y\mathrm{d}z - 2x^2 y\mathrm{d}z\mathrm{d}x + z\mathrm{d}x\mathrm{d}y$，其中，$S$ 是由平面 $x = a$，$y = a$，$z = a$ 及三个坐标面围成的正方体表面外侧 $(a > 0)$.

[实验方案]

通过 Python 画出积分曲面，如图 6-16 所示.

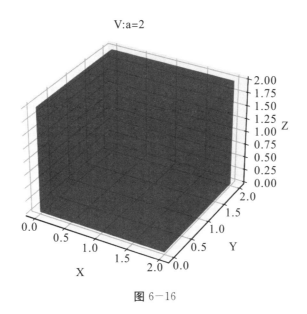

图 6—16

本题利用高斯公式将闭合二类曲面积分转化为三重积分进行计算.

$$\oiint\limits_{S}(x^2-yz)\mathrm{d}y\mathrm{d}z-2x^2y\mathrm{d}z\mathrm{d}x+z\mathrm{d}x\mathrm{d}y=\iiint\limits_{V}(2x-2x^2+1)\mathrm{d}x\mathrm{d}y\mathrm{d}z$$

$$=\int_0^a\mathrm{d}x\int_0^a\mathrm{d}y\int_0^a(2x-2x^2+1)\mathrm{d}z$$

$$=-\frac{2a^5}{3}+a^4+a^3.$$

```
[python 代码]:exp6-25. py
from sympy import *
import matplotlib. pyplot as plt
import numpy as np
#(1)积分区域绘制
#创建图形对象和三维坐标轴
fig =plt. figure()
ax=fig. add_subplot(111, projection='3d')
#产生给定范围的 x,y,z 值,这里 a=2
a=2
x=y=z=np. linspace(0,a,100)
#网格化数据
X, Y=np. meshgrid(x, y)
X1,Z1=np. meshgrid(x, z)
Y2,Z2=np. meshgrid(y, z)
```

```
#表面绘制
ax.plot_surface( X, Y, X-X, alpha=0.5,color='b' ) #平面 z=0
ax.plot_surface( X, Y, X-X+a, alpha=0.5,color='b' ) #平面 z=a
ax.plot_surface( X1, X1-X1, Z1, alpha=0.5,color='b' ) #平面 y=0
ax.plot_surface( X1, X1-X1+a, Z1, alpha=0.5,color='b' ) #平面 y=a
ax.plot_surface( Y2-Y2, Y2, Z2, alpha=0.5,color='b' ) #平面 x=0
ax.plot_surface( Y2-Y2+a, Y2, Z2,alpha=0.5, color='b' ) #平面 x=a
#设置坐标轴标签
ax.set_xlabel('X')
ax.set_ylabel('Y')
ax.set_zlabel('Z')
#设置图形标题
plt.title('V:a=2')
plt.show()
(2)积分计算
x,y,z,a=symbols('x y z a')
#高斯公式构造积分函数
P=x**2-y*z
Q=-2*x**2*y
R=z
exp=P.diff(x)+Q.diff(y)+R.diff(z)
#计算三重定积分
integral=integrate(exp, (x,0,a),(y,0,a),(z,0,a))
print("积分结果:",integral)
```

[结果输出]

积分结果:a**2*(-2*a**3/3+a**2+a)

**例 26** 计算曲线积分:$\oint_{\Gamma} 2y\mathrm{d}x + 3x\mathrm{d}y - z^2\mathrm{d}z$,其中,$\Gamma$ 是圆周 $x^2 + y^2 + z^2 = 9$,$z = 0$,若从 $z$ 轴正向看去,取逆时针方向.

[实验方案]

通过 Python 画出积分曲线,如图 6-17 所示.

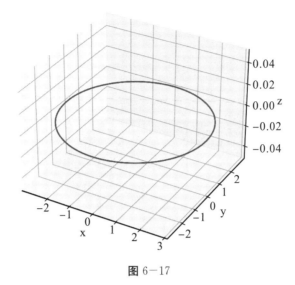

**图** 6-17

本题利用斯托克斯公式将二类闭合曲线积分转化为二类曲面积分进行计算.

$$\oint_{\Gamma} 2y\mathrm{d}x + 3x\mathrm{d}y - z^2\mathrm{d}z = \iint_{\Sigma}(3-2)\mathrm{d}x\mathrm{d}y = \iint_{D}\mathrm{d}x\mathrm{d}y = 区域\ D\ 的面积 = 9\pi.$$

区域 $D$ 为圆域：$x^2 + y^2 \leqslant 9$.

或者 $\displaystyle\iint_{D}\mathrm{d}x\mathrm{d}y = \int_0^{2\pi}\mathrm{d}\theta\int_0^3 r\mathrm{d}r = 9\pi.$

[python 代码]:exp6-26.py
```
from sympy import *
from sympy. plotting import *
#(1)积分域曲线绘制
x=symbols('x')
plot3d_parametric_line(3*cos(x), 3*sin(x), 0, (x, -2*pi, 2*pi))
#(2)积分计算
zet,r=symbols('zet r')
#计算二重定积分
integral=integrate(r, (r,0,3),(zet,0,2*pi))
print("积分结果:",integral)
```

[结果输出]

积分结果:9*pi

## 6.2.7  曲面的面积及空间区域的体积

**例 27**  求锥面 $z = \sqrt{x^2 + y^2}$ 被柱面 $z^2 = 2x$ 所截下部分的曲面面积.

[实验方案]

通过 Python 画出被截下曲面的图形，如图 6−18 所示.

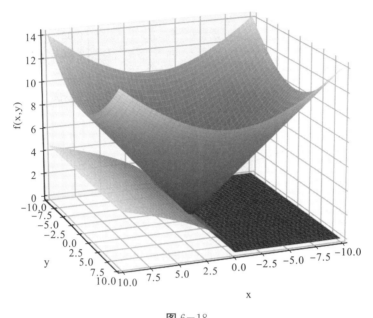

图 6−18

本题利用第一类曲面积分进行计算.

$$A = \iint\limits_{\Sigma} \mathrm{d}S = \iint\limits_{D_{xy}} \sqrt{1 + \left(\frac{x}{\sqrt{x^2+y^2}}\right)^2 + \left(\frac{y}{\sqrt{x^2+y^2}}\right)^2} \, \mathrm{d}x\,\mathrm{d}y = \iint\limits_{D_{xy}} \sqrt{2} \, \mathrm{d}x\,\mathrm{d}y$$

$$= \sqrt{2} \times S_{D_{xy}} = \sqrt{2}\,\pi\,.$$

其中，$D_{xy}$ 是圆 $x^2 + y^2 = 2x$ 围成的区域.

或者 $\iint\limits_{D_{xy}} \sqrt{2} \, \mathrm{d}x\,\mathrm{d}y = \int_{-\frac{\pi}{2}}^{\frac{\pi}{2}} \mathrm{d}\theta \int_{0}^{2\cos\theta} \sqrt{2}\,r\,\mathrm{d}r = \sqrt{2}\,\pi\,.$

```
[python 代码]:exp6−27. py
from sympy import *
fromsympy. plotting import *
x, y, z, t=symbols('x y z t')
#绘制柱面及截面图形
plot3d(sqrt(x**2+y**2), sqrt(2*x),(x,0,5), (y,−5,5),(z,0,5))
#积分计算
zet,r= symbols('zet r') #定义符号
#定义函数表达式
expr=sqrt(2)*r
```

```
#计算积分并输出
integ=integrate(expr,(r,0,2*cos(zet)),(zet,-pi/2,pi/2))
print('积分结果:',integ)
```

[结果输出]

积分结果:sqrt(2)*pi

**例 28** 求由三个坐标平面以及平面 $x=4$，$y=4$，曲面 $z=x^2+y^2+1$ 所围成的立体图形的体积.

[实验方案]

通过 Python 画出所围成的立体图形，如图 6-19 所示.

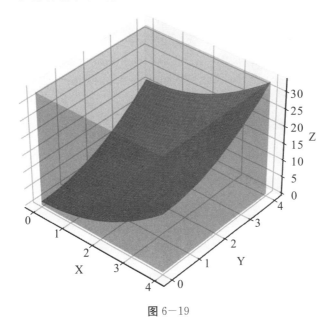

图 6-19

本题利用二重积分进行计算.

$$V = \iiint\limits_V 1 \mathrm{d}v = \int_0^4 \mathrm{d}x \int_0^4 \mathrm{d}y \int_0^{x^2+y^2+1} \mathrm{d}z = \frac{560}{3}.$$

```
[python 代码]:exp6-28.py
from sympy import *
import matplotlib.pyplot as plt
import numpy as np
#(1)积分区域绘制
#创建图形对象和三维坐标轴
```

```
fig =plt. figure()
ax=fig. add_subplot(111, projection='3d')
#产生给定范围的 x,y,z 值,这里 a=2
x=y=np. linspace(0,4,100)
z=np. linspace(0,33,100)
#网格化数据
X,Y=np. meshgrid(x, y)
X1,Z1=np. meshgrid(x, z)
Y2,Z2=np. meshgrid(y, z)
#表面绘制
ax. plot_surface( X, Y, X−X, alpha=0.2,color='b' ) #平面 z=0
ax. plot_surface( X, Y, X**2+Y**2+1, alpha=1) #曲面
ax. plot_surface( X1, X1−X1, Z1, alpha=0.2,color='b' ) #平面 y=0
ax. plot_surface( X1, X1−X1+4, Z1, alpha=0.2,color='b' ) #平面 y=4
ax. plot_surface( Y2−Y2, Y2, Z2, alpha=0.2,color='b' ) #平面 x=0
ax. plot_surface( Y2−Y2+4, Y2, Z2, alpha=0.2, color='b' ) #平面 x=4
#设置坐标轴标签
ax. set_xlabel('X')
ax. set_ylabel('Y')
ax. set_zlabel('Z')
plt. show()
#(2)积分计算
x,y,z=symbols('x y z')
zend=x**2+y**2+1
#计算定积分
integral=integrate(1, (z,0, zend),(y,0,4),(x,0,4))
print("积分结果:",integral)
```

[结果输出]

积分结果:560/3

## 6.2.8 广义重积分

**例 29** 计算广义积分:$\iint\limits_{D} e^{-x^2-y^2} dxdy$,其中 $D$ 是整个坐标平面.

[实验方案]

在极坐标系中计算:$\iint\limits_{D} e^{-x^2-y^2} dxdy = \int_0^{2\pi} d\theta \int_0^{+\infty} e^{-r^2} r dr = \pi$.

```
[python 代码]:exp6-29.py
from sympy import *
r,x=symbols('r x')
#构造积分函数
expr=exp(-r**2)*r
#计算定积分
integral=integrate(expr, (r,0, oo),(x,0,2*pi))
print("积分结果:",integral)
```

[结果输出]

积分结果:pi

## 6.2.9 梯度、散度和旋度

梯度是数量场中的重要指标，散度和旋度是向量场中的重要指标，它们都反映了场在相应点的重要性质. 因此，不仅要会计算梯度、散度和旋度，还要知道它们各自的含义.

**例 30** 求数量场 $u = x^2 + 2y^2 + 3z^2 + xy + 3x - 2y - 6z$ 在点 $M_1(0,0,0)$ 与 $M_2(1,1,1)$ 处梯度的模和方向余弦. 并指出在哪些点处的梯度为零？

[实验方案]

$\mathbf{grad}u = (u'_x, u'_y, u'_z) = (2x + y + 3, 4y + x - 2, 6z - 6)$.

代入点 $M_1(0,0,0)$ 与 $M_2(1,1,1)$ 可得在点 $M_1(0,0,0)$ 与 $M_2(1,1,1)$ 的梯度分别为 $(3, -2, -6)$，$(6,3,0)$，模长分别为 7 和 $3\sqrt{5}$，方向余弦分别为 $\frac{3}{7}$、$-\frac{2}{7}$、$-\frac{6}{7}$ 和 $\frac{2}{\sqrt{5}}$、$\frac{1}{\sqrt{5}}$、0.

令 $\mathbf{grad}u = (2x + y + 3, 4y + x - 2, 6z - 6) = 0$，可得在点 $(-2,1,1)$ 处梯度为零.

```
[python 代码]:exp6-30.py
from sympy import *
import numpy as np
x,y,z,i,j,k=symbols('x y z i j k')
expr=x**2+2*y**2+3*z**2+x*y+3*x-2*y-6*z
ux=expr.diff(x)
uy=expr.diff(y)
uz=expr.diff(z)
#计算 M(0,0,0)处的偏导值
ux1=ux.subs({x:0,y:0,z:0})
```

225

```
uy1=uy. subs({x:0,y:0,z:0})
uz1=uz. subs({x:0,y:0,z:0})
#生成梯度,计算模和方向余弦
gradu1=ux1*i+uy1*j+uz1*k
norm1=sqrt(ux1**2+uy1**2+uz1**2)
ucos1= np. array([ux1,uy1,uz1])/norm1
#计算 M(1,1,1)处的偏导值
ux2=ux. subs({x:1,y:1,z:1})
uy2=uy. subs({x:1,y:1,z:1})
uz2=uz. subs({x:1,y:1,z:1})
#生成梯度,计算模和方向余弦
gradu2=ux2*i+uy2*j+uz2*k
norm2=sqrt(ux2**2+uy2**2+uz2**2)
ucos2=np. array([ux2,uy2,uz2])/norm2
print("M1梯度为:",gradu1)
print("M1梯度模为:",norm1)
print("M1梯度方向余弦为:",ucos1)
print("M2梯度为:",gradu2)
print("M2梯度模为:",norm2)
print("M1梯度方向余弦为:",ucos2)
#求解梯度为零的点
grad0=linsolve([Eq(ux,0),Eq(uy,0),Eq(uz,0)], (x,y,z))
print("梯度为零的点:",grad0)
```

[结果输出]

```
M1梯度为:3*i-2*j-6*k
M1梯度模为:7
M1梯度方向余弦为:[3/7 -2/7 -6/7]
M2梯度为:6*i+3*j
M2梯度模为:3*sqrt(5)
M1梯度方向余弦为:[2*sqrt(5)/5 sqrt(5)/5 0]
梯度为零的点:{(-2, 1, 1)}
```

**例 31** 求向量场 $A = x^3 i + y^3 j + z^3 k$ 在 $M(1,0,-1)$ 处的散度.

[实验方案]

代入散度计算公式可得:

$$\text{div} A = (3x^2 + 3y^2 + 3z^2)\Big|_{(1,0,-1)} = 6.$$

[python 代码]:exp6-31.py

```
from sympy import *
x,y,z=symbols('x y z')
expr=x**3+y**3+z**3
divA=expr.diff(x)+expr.diff(y)+expr.diff(z) #计算散度公式
print("散度 div(A)=",divA.subs({x:1,y:0,z:-1})) #代入数值
```

[结果输出]

散度 div(A)= 6

**例 32**　求向量场 $A = xyz(i + j + k)$ 在点 $M(1,3,2)$ 处的旋度.

[实验方案]

代入旋度计算公式可得:

$$\mathbf{rotA} = \begin{vmatrix} i & j & k \\ \dfrac{\partial}{\partial x} & \dfrac{\partial}{\partial y} & \dfrac{\partial}{\partial z} \\ xyz & xyz & xyz \end{vmatrix}$$

$$= (xz - xy, xy - yz, yz - xz)\Big|_{(1,3,2)} = (-1, -3, 4).$$

[python 代码]:exp6-32.py

```
from sympy import *
x,y,z,i,j,k=symbols('x y z i j k')
expr=x*y*z
#计算 M(1,3,2)处的偏导值
Ax=expr.diff(x).subs({x:1,y:3,z:2})
Ay=expr.diff(y).subs({x:1,y:3,z:2})
Az=expr.diff(z).subs({x:1,y:3,z:2})
#生成旋度公式
rotA=(Ay-Az)*i+(Az-Ax)*j+(Ax-Ay)*k
print("旋度 rot(A)=",rotA)
```

[结果输出]

旋度 rot(A)= -i-3*j+4*k

## 6.3 综合案例

**例 33** 福岛核泄漏问题.

2011 年日本"3·11"大地震导致了福岛核辐射事件,引起全世界的强烈关注,相关单位对该事件进行调查,监测结果显示,出事当天放射性物质碘导致大气辐射水平是可接受的最大限度的 4 倍. 于是日本政府下令让福岛当地居民立即撤离这一地区. 若该放射源的辐射水平衰减程度满足下式:

$$M(t) = M_0 e^{-0.004t}$$

其中,$M(t)$ 是 $t$ 时刻的辐射水平(单位:mR/h)(mR 为毫伦琴),$M_0$ 是初始辐射水平($t = 0$),$t$ 按小时计算. 问:

该地核辐射水平要下降到可接受的程度大约需要多长时间?

假设可接受的辐射水平的最大限度为 0.6 mR/h,那么从出事到降低到该最大限度时已经泄漏到大气中的放射物总量是多少?

[实验方案]

(1) 设该地核辐射水平要下降到可接受的程度大约需要 $T$ 小时,此时辐射水平降低到 $\frac{1}{4}M_0$, 于是有

$$M(T) = M_0 e^{-0.004T} = \frac{1}{4}M_0.$$

于是求得 $T = 250\ln 4 \approx 346.6$(h).

若可接受的辐射水平的最大限度为 0.6 mR/h,则 $M_0 = 2.4$(mR/h).

放射源从 $t = 0$ 到 $250\ln 4$ 这段时间泄漏出去的放射物总量为:

$$W = \int_0^{250\ln 4} 2.4 e^{-0.004t} \, dt = -600 \int_0^{250\ln 4} e^{-0.004t} \, d(-0.004t)$$

$$= -600(e^{-0.004t}) \Big|_0^{250\ln 4} = 450(mR).$$

```
[python 代码]:exp6-33.py
from sympy import *
M0,T=symbols('M0 T')
#定义辐射衰减函数式
f=M0*exp(-0.004*T)
#求解核辐射水平下降到 M0/4 的时间
t=solve(Eq(f,M0/4),T)
print('核辐射水平下降到 M0/4 时间:',t[0].evalf(4),'(h)')
```

```
♯带入可接受限度 M0＝2.4
f1＝f.subs(M0,2.4)
♯积分计算泄漏出去的放射物总量
W＝integrate(f1,(T,0,t))
print('这段时间泄漏放射物总量为:',W.evalf(4),'(mR)')
```

[结果输出]

```
核辐射水平下降到 M0/4时间: 346.6(h)
这段时间泄漏放射物总量: 450.0(mR)
```

**例 34**　陨石坑的体积问题.

许多星球表面都有陨石坑,地球也有. 一个巨大的陨石坑可以看作球面,球面的半径非常大,有时会有几公里. 但是这不是一个完整的半球面,只是一个相对于球的半径来说,深度很小很浅的球冠. 可以测得坑内表面的曲率,进而得到曲率半径,可知该陨石坑球面的半径 $R$. 陨石坑边缘是圆,也能测得该圆半径 $r$. 现在已知 $R$,$r$,求该陨石坑的体积 $V$,以及平均深度 $h$.

[实验方案]

本例固然可用立体几何里球冠的体积公式计算得出,因为球面是一种简单曲面. 假如远古的陨石坑由于风化作用,现在其内表面已不是球面,故不可用球冠的体积公式求出. 又如,环境工程里一些湖泊的湖床曲面也不是球面,很多坑状物内表面都不是球面,而是椭球面,或者椭球正弦曲面等复杂的曲面,可使用微积分的方法统一解决. 因此本题要使用二重积分求陨石坑的体积,而不用球冠体积公式求解.

设计算陨石坑内表面的方程是 $f(x,y)=-\sqrt{R^2-x^2-y^2}$,陨石坑边缘是圆周,方程是 $x^2+y^2=r^2$,所围成的区域记为 D.

$$V=\iint\limits_{D}|f(x,y)|\,\mathrm{d}x\mathrm{d}y-\pi\,r^2\sqrt{R^2-r^2}.$$

上式第一项是冠状体与柱体体积之和,第二项只是柱体体积,所以两者要相减.

$$\begin{aligned}
V&=\iint\limits_{D}\sqrt{R^2-x^2-y^2}\,\mathrm{d}x\mathrm{d}y-\pi\,r^2\sqrt{R^2-r^2}\\
&=\int_0^{2\pi}\mathrm{d}\theta\int_0^r\sqrt{R^2-\rho^2}\,\rho\mathrm{d}\rho-\pi\,r^2\sqrt{R^2-r^2}\\
&=\frac{2}{3}\pi\big[R^3-(R^2-r^2)^{\frac{3}{2}}\big]-\pi\,r^2\sqrt{R^2-r^2}.
\end{aligned}$$

平均深度:

$$h=\frac{V}{\pi\,r^2}=\frac{2}{3}\frac{\big[R^3-(R^2-r^2)^{\frac{3}{2}}\big]}{r^2}-\sqrt{R^2-r^2}\,.$$

```
[python 代码]:exp6-34.py
from sympy import *
R,r,zeta,ro=symbols('R r zeta ro')
#定义极坐标下积分表达式
f=ro*sqrt(R**2-ro**2)
#柱体体积方程
v=pi*r**2*sqrt(R**2-r**2)
#计算冠状体与柱体体积之和
v1=integrate(f, (ro, 0,r),(zeta,0,2*pi))
h=(v1-v)/(pi*r**2)
print('陨石坑平均深度为:', simplify(h))
```

[结果输出]

陨石坑平均深度为:$(-2*R**2*sqrt(R**2-r**2)+2*R**2*sqrt(R**2)-r**2*sqrt$ $(R**2-r**2))/(3*r**2)$

通过数值计算验证，上述结果等同于 $\dfrac{2}{3}\left[\dfrac{R^3-(R^2-r^2)^{\frac{3}{2}}}{r^2}\right]-\sqrt{R^2-r^2}$.

注：本题第一问实际上应用了二元函数二重积分表示曲顶柱体体积. 第二问应用了二元函数的积分中值定理——曲顶柱体的平均高度，即二元函数的平均值，是二重积分除以定义域的面积.

引申：$h_m$ 是湖底的最大深度，$\dfrac{x^2}{a^2}+\dfrac{y^2}{b^2}=1$ 是湖面边界，则湖床曲面是

$$f(x,y)=-h_m\cos(\dfrac{\pi}{2}\sqrt{\dfrac{x^2}{a^2}+\dfrac{y^2}{b^2}}),\qquad D:\{(x,y)\mid \dfrac{x^2}{a^2}+\dfrac{y^2}{b^2}\leqslant 1\}，\quad 可计算湖水体积$$

与平均深度.

## 习题 6

1. 积分计算题.

（1）求不定积分 $\displaystyle\int e^{\sqrt{x}}\,dx$.

（2）计算定积分 $\displaystyle\int_0^1 x^5\sqrt{1-x^2}\,dx$.

（3）计算二重积分 $\displaystyle\iint\limits_{D}\sqrt{x^2+y^2}\,dx\,dy$，其中 $D$ 是由 $Y$ 轴及圆周 $x^2+(y-1)^2=1$ 在第一象限内所围成的区域.

（4）应用三重积分计算由平面 $x=0,y=0,z=0$ 及 $z=2x+y+2$ 所围成的四面体的体积.

（5）设 $L$ 为圆周 $x^2+y^2=4$ 的正向，求 $\displaystyle\oint_L \dfrac{y\,dx-x\,dy}{4x^2+y^2}$.

（6）设 $L$ 表示圆周 $x^2 + y^2 = 1$，求曲线积分 $\oint_L |x|\,\mathrm{d}s$ 之值.

（7）求 $I = \iint_{\Sigma} z^2\mathrm{d}y\mathrm{d}z + y\mathrm{d}z\mathrm{d}x + z\mathrm{d}x\mathrm{d}y$，其中 $\sum$ 为曲面 $z = 10 - x^2 - y^2 (1 \leqslant z \leqslant 10)$ 的上侧.

（8）求由抛物面 $z = 1 - x^2 - y^2$ 与平面 $z = 0$ 所围立体图形的表面积.

2. 已知函数 $r = \sqrt{x^2 + y^2 + z^2}$，求 $\mathbf{grad}r$、$\mathrm{div}(\mathbf{grad}r)$、$\mathbf{rot}(\mathbf{grad}r)$.

本章示例代码

# 第 7 章  微分方程

微分方程是数学中一个非常重要的分支,它描述了未知函数及其导数之间的关系. 微分方程在物理学、工程学、经济学等领域有广泛的应用,可以用来模拟各种现象,如物体的运动、流体的流动等. 本章主要介绍常见的微分方程以及如何利用 Python 实现微分方程的求解.

## 7.1  一阶微分方程

常见的一阶微分方程有分离变量方程、齐次方程、一阶线性方程.

### 7.1.1  分离变量方程

形如 $f(x)\mathrm{d}x = g(y)\mathrm{d}y$(分离变量方程),解法如下:

两边积分即得 $\int f(x)\mathrm{d}x = \int g(y)\mathrm{d}y$

即 $F(x) = G(y) + C$,该式是原方程的隐函数形式的通解.

对于一般方程,通常要进行一系列运算变形处理,从而成为分离变量方程.

**例 1**  计算微分方程 $xy' - y\ln y = 0$ 的通解.

[实验方案]

分离变量:$\dfrac{1}{y\ln y}\mathrm{d}y = \dfrac{1}{x}\mathrm{d}x$,

两边同时积分得:$y = \mathrm{e}^{Cx}$.

```
[python 代码]:exp7-1.py
from sympy import *
x,y=symbols('x y')
#令 y=f(x),定义 f(x)为函数
f=symbols('f', cls=Function)
#创建微分方程,f(x).diff(x)是 f(x)的微分
eqn=Eq(x*f(x).diff(x)-f(x)*log(f(x)), 0)
pprint(dsolve(eqn, f(x))) #用 pprint 输出公式
```

[结果输出]

$f(x)=e^{C1 \cdot x}$

**例 2**　计算微分方程 $(1+x^2)y' = \sqrt{1-y^2}$ 的通解.

〔实验方案〕

分离变量：$\dfrac{1}{1+x^2}\mathrm{d}x = \dfrac{1}{\sqrt{1-y^2}}\mathrm{d}y$，

两边同时积分得：$\arcsin y = \arctan x + C$.

〔python 代码〕:exp7-2. py
```
from sympy import *
x=symbols('x')
#令 y=f(x),定义 f(x)为函数
f=symbols('f', cls=Function)
#创建微分方程,f(x). diff(x)是 f(x)的微分
eqn=Eq((1+x**2)*f(x). diff(x), sqrt(1-f(x)**2))
pprint(dsolve(eqn, f(x))))
```

〔结果输出〕

f(x)=sin(C+atan(x))

## 7.1.2　齐次方程

形如：$\dfrac{\mathrm{d}y}{\mathrm{d}x} = f(\dfrac{y}{x})$ 的齐次方程，解法如下：

令 $\dfrac{y}{x} = u(x)$，将 $y = xu(x)$ 代入上式即得 $u + xu' = f(u)$.

化为 $u' = \dfrac{\mathrm{d}u}{\mathrm{d}x} = \dfrac{f(u)-u}{x}$，这是一个分离变量方程，按分离变量方程解法即可解出.

**例 3**　求齐次微分方程 $x\dfrac{\mathrm{d}y}{\mathrm{d}x} = y\ln\dfrac{y}{x}$ 的通解.

〔实验方案〕

令 $u = \dfrac{y}{x}$，$y = ux$，得 $\dfrac{\mathrm{d}y}{\mathrm{d}x} = u + x\dfrac{\mathrm{d}u}{\mathrm{d}x}$

$\dfrac{1}{u\ln u - u}\mathrm{d}u = \dfrac{1}{x}\mathrm{d}x$.

两边同时积分得：$\ln u - 1 = Cx$，$y = x\mathrm{e}^{Cx+1}$.

```
[python 代码]:exp7-3. py
from sympy import *
x=symbols('x')
#令 y=f(x),定义 f(x)为函数
f=symbols('f', cls=Function)
#创建微分方程,f(x). diff(x)是 f(x)的微分
eqn=Eq(x*f(x). diff(x), f(x)*log(f(x)/x))
pprint(dsolve(eqn, f(x)))
```

[结果输出]

$$f(x)=x \cdot e^{C1 \cdot x+1}$$

**例 4**　求下列齐次方程满足所给初始条件的特解:

$$y' = \frac{x}{y} + \frac{y}{x}, \quad y\Big|_{x=1} = 2.$$

[实验方案]

令 $u = \dfrac{y}{x}$, $y = ux$, 得 $\dfrac{\mathrm{d}y}{\mathrm{d}x} = u + x\,\dfrac{\mathrm{d}u}{\mathrm{d}x}$, 则有 $u + x\,\dfrac{\mathrm{d}u}{\mathrm{d}x} = u + \dfrac{1}{u}$.

两边积分 $\displaystyle\int u\,\mathrm{d}u = \int \dfrac{1}{x}\mathrm{d}x$, 解得 $\dfrac{1}{2}u^2 = \ln|x| + C$.

从而有 $u^2 = \ln x^2 + 2C$, 得: $y^2 = x^2(\ln x^2 + 2C)$.

代入初值条件 $y\Big|_{x=1} = 2$, 解得: $C = 2$.

原方程的特解为: $y^2 = x^2(\ln x^2 + 4)$.

```
[python 代码]:exp7-4. py
from sympy import *
x,C1=symbols('x C1')
#令 y=f(x),定义 f(x)为函数
f=symbols('f', cls=Function)
#创建微分方程,f(x). diff(x)是 f(x)的微分
eqn=Eq(f(x). diff(x), x/f(x)+f(x)/x)
solutions=dsolve(eqn, f(x)) #solutions 是通解的集合
#遍历通解集合
for solution in solutions:
    #通解带入 x=1,f(x)=2,求解常数 C1
    c=solve(solution. subs({x:1,f(x):2}),C1)
    #常数解不为空,则输出特解
    if c:
pprint(solution. subs(C1,c[0]))
```

［结果输出］

Eq(f(x), x*sqrt(2*log(x)+4))

通过计算验证，上述结果等同于：$f(x) = x \cdot \sqrt{2 \cdot \ln(x) + 4}$.

### 7.1.3　一阶线性方程

形如：$y' + p(x)y = 0$（一阶线性齐次方程），解法为：化为分离变量方程 $\dfrac{\mathrm{d}y}{y} = p(x)\mathrm{d}x$，求得通解 $Ce^{-\int p(x)\mathrm{d}x}$.

形如：$y' + p(x)y = q(x)$（一阶线性非齐次方程），解法为常数变易法，求得通解：$e^{-\int p(x)\mathrm{d}x}\left[\int q(x)e^{\int p(x)\mathrm{d}x}\mathrm{d}x + C\right]$.

**例 5**　求线性微分方程 $y' + y = e^{-x}$ 的通解.

［实验方案］

$$y = e^{-\int p(x)\mathrm{d}x}\left[\int Q(x)e^{\int p(x)\mathrm{d}x}\mathrm{d}x + C\right]$$
$$= e^{-\int \mathrm{d}x}\left(\int e^{-x}e^{\int \mathrm{d}x}\mathrm{d}x + C\right) = e^{-x}(x + C)$$

常数变易法
简介

```
［python 代码］:exp7-5.py
from sympy import *
x=symbols('x')
#令 y=f(x),定义 f(x)为函数
f=symbols('f', cls=Function)
#创建微分方程,f(x).diff(x)是 f(x)的微分
eqn=Eq(f(x).diff(x)+f(x), exp(-x))
solutions=dsolve(eqn, f(x))
pprint(solutions)
```

［结果输出］

f(x)=(C1+x) · e$^{-x}$

**例 6**　求线性微分方程 $\dfrac{\mathrm{d}y}{\mathrm{d}x} + y\tan x = \sec x$ 的通解.

［实验方案］

$$y = e^{\int p(x)\mathrm{d}x}\left[\int Q(x)e^{\int p(x)\mathrm{d}x}\mathrm{d}x + C\right]$$
$$= e^{-\int \tan x\,\mathrm{d}x}\left(\int \sec x\,e^{\int \tan x\,\mathrm{d}x}\mathrm{d}x + C\right)$$
$$= e^{\ln\cos x}\left(\int \sec x\,e^{-\ln\cos x}\mathrm{d}x + C\right)$$

$= \cos x (\tan x + C).$

[python 代码]:exp7－6. py
```
from sympy import *
x=symbols('x')
#令 y=f(x), 定义 f(x)为函数
f=symbols('f', cls=Function)
#创建微分方程,f(x). diff(x)是 f(x)的微分
eqn=Eq(f(x). diff(x)+f(x)*tan(x), sec(x))
solutions=dsolve(eqn, f(x))
pprint(solutions)
```

[结果输出]

$f(x) = C1 \cdot \cos(x) + \sin(x)$

## 7.1.4 伯努利方程

**例 7** 求伯努利方程的通解:$\dfrac{\mathrm{d}y}{\mathrm{d}x} + \dfrac{2y}{x} = y^2 \ln x$.

[实验方案]

由题意可得:

$$y^{-2} \frac{\mathrm{d}y}{\mathrm{d}x} + y^{-1} \frac{2}{x} = \ln x.$$

令 $z = y^{-1}$, 将方程化为:$-\dfrac{\mathrm{d}z}{\mathrm{d}x} + z \dfrac{2}{x} = \ln x.$

解得:$z = x^2 \left( \dfrac{\ln x + 1}{x} + C \right).$

原方程的通解为:$x^2 y \left( \dfrac{\ln x + 1}{x} + C \right) = 1.$

伯努利方程
定义

[python 代码]:exp7－7. py
```
from sympy import *
x = symbols('x')
# 令 y = f(x),定义 f(x) 为函数
f = symbols('f', cls = Function)
# 创建微分方程,f(x). diff(x) 是 f(x) 的微分
eqn = Eq(f(x). diff(x) + 2*f(x)/x, f(x)**2*log(x))
solutions = dsolve(eqn, f(x))
pprint(solutions)
```

[结果输出]

$$f(x)=\frac{1}{x \cdot (C1 \cdot x+\ln(x)+1)}$$

## 7.1.5 全微分方程

全微分方程
定义

**例 8** 计算全微分方程 $x\,\mathrm{d}y+y\,\mathrm{d}x=0$ 的通解.

[实验方案]

$x\,\mathrm{d}y+y\,\mathrm{d}x=0$ 得：$\mathrm{d}xy=0$, $xy=C$.

```
[python 代码]:exp7-8. py
from sympy import *
x = symbols('x')
# 令 y = f(x),定义 f(x) 为函数
f = symbols('f', cls = Function)
# 创建微分方程,f(x). diff(x) 是 f(x) 的微分
eqn = Eq(x*f(x). diff(x) + f(x), 0)
solutions = dsolve(eqn, f(x))
pprint(solutions)
```

[结果输出]

$$f(x)=\frac{C1}{x}$$

**例 9** 计算全微分方程 $(4x+2y)\mathrm{d}x+(2x-6y)\mathrm{d}y=0$ 的通解.

[实验方案]

由 $M=4x+2y$, $N=2x-6y$, $\dfrac{\partial M}{\partial y}=\dfrac{\partial N}{\partial x}$, 因此原方程是全微分方程.

取 $u(x,y)=\displaystyle\int_0^x (4x+2 \cdot 0)\mathrm{d}x+\int_0^y (2x-6y)\mathrm{d}y=2x^2+2xy-3y^2$.

原方程的通解为：$2x^2+2xy-3y^2=C$.

```
[python 代码]:exp7-9. py
from sympy import *
x=symbols('x')
#令 y=f(x),定义 f(x) 为函数
f=symbols('f', cls=Function)
#创建微分方程,f(x). diff(x) 是 f(x) 的微分
eqn=Eq(x*f(x). diff(x)+f(x), 0)
solutions=dsolve(eqn, f(x))
print(solutions)
```

[结果输出]

[Eq(f(x), x/3 − sqrt(C1 + 7*x**2)/3), Eq(f(x), x/3 + sqrt(C1 + 7*x**2)/3)]

通过计算验证，上述结果等同于：$f(x) = \dfrac{x}{3} \pm \sqrt{C + \dfrac{7x^2}{9}}$.

## 7.2 高阶微分方程

### 7.2.1 可降阶的高阶微分方程

高阶微分方程
介绍

可降阶高阶方程的主要形式有以下几种：

(1) 不显含未知函数 $y$，$F(x, y', y'') = 0$，只需令 $y' = z(x)$，则 $y'' = z'$. 代入方程得 $z$ 与 $x$ 之间的一阶微分方程，$F(x, z, z') = 0$.

(2) 不显含自变量 $x$，$F(y, y', y'') = 0$，只需令 $y' = z(y)$，则 $y'' = z \cdot z'$. 代入方程得 $z$ 与 $y$ 之间的一阶微分方程，$F(y, z, z \cdot z') = 0$.

注意：以上两种降阶方法，粗看上去非常相似，实则大不同. 引入的新函数 $z$ 的自变量是 $x$ 或 $y$，一定要分析辨认清楚，否则会导致解题混乱错误.

**例 10** 求微分方程 $y'' = y'$ 的通解.

[实验方案]

令 $y' = p$，$y'' = p'$，代入方程得：$p' = p$. 易解得 $\displaystyle\int \dfrac{1}{p} \mathrm{d}p = \int x \mathrm{d}x + C$.

解得：$\ln|p| = x + C$，从而 $y' = C_1 \mathrm{e}^x$，可得：$y = C_1 \mathrm{e}^x + C_2$.

```
[python 代码]:exp7-10.py
from sympy import *
x=symbols('x')
#令 y=f(x),定义 f(x)为函数
f=symbols('f', cls=Function)
#创建微分方程,f(x).diff(x)是 f(x)的微分
eqn=Eq(f(x).diff(x,2), f(x).diff(x))
solutions=dsolve(eqn, f(x))
pprint(solutions)
```

[结果输出]

$f(x) = C1 + C2 \cdot \mathrm{e}^x$

**例 11** 求微分方程 $xy'' - y' = x^2$ 的通解.

[实验方案]

令 $y' = p$，$y'' = p'$，代入方程得 $xp' - p = x^2$，即 $p' - \dfrac{1}{x}p = x$.

$$p = e^{\int \frac{1}{x}dx}\left(\int x e^{-\int \frac{1}{x}dx} dx + C\right) = x^2 + Cx.$$

从而原方程的通解为：$y = \dfrac{1}{3}x^3 + C_1 x^2 + C_2$.

[python 代码]：exp7-11. py

```python
from sympy import *
x=symbols('x')
#令 y=f(x),定义 f(x)为函数
f=symbols('f', cls=Function)
#创建微分方程,f(x). diff(x)是 f(x)的微分
eqn=Eq(x*f(x). diff(x,2)-f(x). diff(x),x**2)
solutions=dsolve(eqn, f(x))
pprint(solutions)
```

[结果输出]

$$f(x) = C1 + C2 \cdot x^2 + \frac{x^3}{3}$$

## 7.2.2　常系数二阶线性微分方程

形如：$y'' + py' + qy = 0$（常系数二阶线性齐次微分方程），解法如下：

参照原方程，写出特征方程 $r^2 + pr + q = 0$，根据特征方程的根与解的结构原理，写出原方程的通解，见表 7-1.

表 7-1　常系数二阶线性齐次微分方程的通解

| 特征根情况 | 原方程通解 |
|---|---|
| 两个不相等的实根 $r_1, r_2$ | $C_1 e^{r_1 x} + C_2 e^{r_2 x}$ |
| 两个相等的实根 $r$ | $e^{rx}[C_1 + C_2 x]$ |
| 两个复数根 $\alpha + \beta i, a - \beta i$ | $e^{ax}[C_1 \cos\beta x + C_2 \sin\beta x]$ |

**例 12**　求下列微分方程 $y'' + y' - 2y = 0$ 的通解.

[实验方案]

特征方程为 $r^2 + r - 2 = 0$，得：$r_1 = 1, r_2 = -2$.

所以微分方程的通解为：$y = C_1 e^x + C_2 e^{-2x}$.

[python 代码]：exp7-12.py

```
from sympy import *
x=symbols('x')
#令 y=f(x),定义 f(x)为函数
f=symbols('f', cls=Function)
#创建微分方程,f(x).diff(x)是 f(x)的微分
eqn=Eq(f(x).diff(x,2)+f(x).diff(x)-2*f(x),0)
solutions=dsolve(eqn, f(x))
pprint(solutions)
```

[结果输出]

$$f(x) = C1 \cdot e^{-2x} + C2 \cdot e^{x}$$

**例 13** 求下列微分方程 $y'' + y = 0$ 的通解.

[实验方案]

特征方程为 $r^2 + 1 = 0$，得：$r_1 = i, r_2 = -i$.

所以微分方程的通解为：$y = C_1 \cos x + C_2 \sin x$.

[python 代码]：exp7-13.py

```
from sympy import *
x=symbols('x')
#令 y=f(x),定义 f(x)为函数
f=symbols('f', cls=Function)
#创建微分方程,f(x).diff(x)是 f(x)的微分
eqn=Eq(f(x).diff(x,2)+f(x).diff(x),0)
solutions=dsolve(eqn, f(x))
pprint(solutions)
```

[结果输出]

$$f(x) = C_1 \cdot \sin(x) + C_2 \cdot \cos(x)$$

对于常系数二阶线性非齐次方程，根据解的结构原理，原方程通解＝对应的齐次方程通解＋原非齐次方程的一个特解. 所以重点在于求解原方程的一个特解.

[类型 1] $y'' + py' + qy = e^{\lambda x} P_n(x)$，$P_n(x)$ 是 $n$ 次多项式. $\lambda$ 是特征方程的 $k$ 重根，$k = 0, 1, 2$.

用待定系数法设特解 $y^* = x^k e^{\lambda x} Q_n(x)$，$Q_n(x)$ 是 $n$ 次多项式，其系数待定，代入原式解出 $Q_n(x)$ 的系数即可.

[类型 2] $y'' + py' + qy = e^{\lambda x}[P_s(x)\cos\beta x + Q_t(x)\sin\beta x]$，$P_s(x)$ 是 $s$ 次多项式. $Q_t(x)$ 是 $t$ 次多项式.

$\alpha + \beta i$ 是特征方程的 $k$ 重根，$k = 0, 1$.

用待定系数法设特解 $y^* = x^k e^{\lambda x}[F_n(x)\cos\beta x + G_n(x)\sin\beta x]$，$F_n(x)$，$G_n(x)$ 都是 $n$ 次多项式，$n = \max(s, t)$. 代入原式解出 $F_n(x)$，$G_n(x)$ 多项式的系数即可.

**例 14** 求微分方程 $y'' - 2y' = e^{2x}$ 的通解.

[实验方案]

特征方程为 $r^2 - 2r = 0$，得：$r_1 = 0, r_2 = 2$.

所以齐次方程的通解为：$y = C_1 + C_2 e^{2x}$.

再求非齐次线性微分方程 $y'' - 2y' = e^{2x}$ 的一个特解，由于 $\lambda = 2$ 是特征方程的单根，所以设特解为 $y^* = Ax e^{2x}$，代入得一个特解为 $y^* = \frac{1}{2}x e^{2x}$.

所求微分方程的通解为：

$$y = C_1 + C_2 e^{2x} + \frac{1}{2}x e^{2x}.$$

```
[python 代码]:exp7-14.py
from sympy import *
x=symbols('x')
#令 y=f(x),定义 f(x)为函数
f=symbols('f', cls=Function)
#创建微分方程,f(x).diff(x)是 f(x)的微分
eqn=Eq(f(x).diff(x,2)-2*f(x).diff(x),exp(2*x))
solutions=dsolve(eqn, f(x))
pprint(solutions)
```

[结果输出]

$$f(x) = C1 + \left(C2 + \frac{x}{2}\right) \cdot e^{2x}$$

**例 15** 求微分方程 $y'' - 2y' + 2y = x^2$ 的通解.

[实验方案]

特征方程为 $r^2 - 2r + 2 = 0$，得：$r_1 = 1 + i, r_2 = 1 - i$.

所以齐次方程的通解为：$y = e^x(C_1\cos x + C_2\sin x)$.

设非齐次线性微分方程的特解为 $y^* = ax^2 + bx + c$，代入得一个特解为：

$$y^* = \frac{1}{2}x^2 + x + \frac{1}{2}.$$

所求微分方程的通解为：

$$y = e^x(C_1\cos x + C_2\sin x) + \frac{1}{2}x^2 + x + \frac{1}{2}.$$

```
[python 代码]:exp7-15.py
from sympy import *
x=symbols('x')
#令 y=f(x),定义 f(x)为函数
f=symbols('f', cls=Function)
#创建微分方程,f(x).diff(x)是 f(x)的微分
eqn=Eq(f(x).diff(x,2)-2*f(x).diff(x)+2*f(x),x**2)
solutions=dsolve(eqn, f(x))
pprint(solutions)
```

[结果输出]

$$f(x) = \frac{x^2}{2} + x + (C1 \cdot \sin x + C2 \cdot \cos x) \cdot e^x + \frac{1}{2}$$

### 7.2.3 欧拉方程

**例 16** 求欧拉方程 $x^3 \dfrac{d^3 y}{dx^3} + 3x^2 \dfrac{d^2 y}{dx^2} + x \dfrac{dy}{dx} - y = 0$ 的通解.

[实验方案]

令 $x = e^t$，则 $x \dfrac{dy}{dx} = Dy$，$x^2 \dfrac{d^2 y}{dx^2} = D(D-1)y$，$x^3 \dfrac{d^3 y}{dx^3} = D(D-1)(D-2)y$.

代入原方程，整理得 $(D^3 - 1)y = t e^t$，即 $y^{(3)} - y = t e^t$.

特征方程为：$r^3 - 1 = 0$，特征根为 $r_1 = 1, r_{2,3} = -\dfrac{1}{2} \pm \dfrac{\sqrt{3}}{2}i$，易得通

解为：

$$y = C_1 e^t + e^{-\frac{1}{2}t}(C_2 \cos\frac{\sqrt{3}}{2}t + C_3 \sin\frac{\sqrt{3}}{2}t)$$

$$= C_1 x + \frac{1}{\sqrt{x}}[C_2 \cos(\frac{\sqrt{3}}{2}\ln x) + C_3 \sin(\frac{\sqrt{3}}{2}\ln x)].$$

欧拉方程定义

```
[python 代码]:exp7-16.py
from sympy import *
x=symbols('x')
#令 y=f(x),定义 f(x)为函数
f=symbols('f', cls=Function)
#创建微分方程,f(x).diff(x)是 f(x)的微分
```

```
eqn=Eq(x**3*f(x).diff(x,3)+3*x**2*f(x).diff(x,2)+x*f(x).diff(x)-f(x),0)
solutions=dsolve(eqn, f(x))
pprint(solutions)
```

［结果输出］

$$f(x) = C1 \cdot x + \frac{C2 \cdot \sin(\frac{\sqrt{3}}{2}\ln x) + C3 \cdot \cos(\frac{\sqrt{3}}{2}\ln x)}{\sqrt{x}}$$

# 7.3 综合案例

## 7.3.1 出土文物年代鉴定

**例 17** 问题背景:

(1)考古、地质等学科里常用$^{14}C$同位素放射性衰变规律进行地质测年,称为碳定年法.$^{14}C$是$^{12}C$的同位素,除了会衰变,其他性质与$^{12}C$无差别.宇宙射线照射在大气分子上,使之产生中子,中子与氮气作用生成元素$^{14}C$,这种$^{14}C$氧化后成为$CO_2$被植物吸收,动物吃植物,动物之间还有食物链,这样$^{14}C$就传递到各种动植物体内.活着的生物通过新陈代谢不断吸收食物与空气中的$^{14}C$,其体内的$^{14}C$含量百分比与空气中相同,但是死亡后停止摄取$^{14}C$,体内$^{14}C$由于衰变而不断减少.因此根据$^{14}C$含量减少的情况可以判断生物生活在古代的大致年代.

(2)物体内的$^{14}C$含量很难真正测得,但是可以测得$^{14}C$衰变减少的量,除以测试所用的时间长度,即得衰变速度.放射性元素衰变速度与当时元素含量成正比,可以间接推知其体内的$^{14}C$含量.

(3)人们通常认为中国古代文明最早出现在河南地区,那里出土了殷商时期的文物实物,考古结论是距今约 3600 年.1929 年,在四川广汉出土了一些奇怪的古代文物,也有人类与动植物尸骨,以及各种灰烬、木炭、青铜器.有人猜测这是中原先民迁徙到四川带来的中原文明,但是这些文物的形象与中原的完全不一样,尤其人俑与面具等面部特征与中原的极为不同.有人推断这可能是另一支与中原文化独立的、互不影响的文明,并设法证明其年代远在殷商之前.

(4)我们假设三星堆出土的灰烬或木炭之类的物品中,$^{14}C$衰变速度是 17.21 次/分.假设新砍伐烧成的木炭或灰烬中$^{14}C$的衰变速度是 38.37 次/分.假设$^{14}C$的半衰期是 5568 年,即$^{14}C$衰变后只剩下最初含量的一半所需的时间.新鲜炭灰里的$^{14}C$含量百分比与大气中相同,从远古至今都没变化,因此其新鲜炭灰里的$^{14}C$衰变速度是固定的.半衰期是$^{14}C$自身固有的,从远古至今也不变化.试估算三星堆文物距今年代.

［实验方案］

从三星堆文物被掩埋在地下那年开始,到第 $t$ 年,文物中的$^{14}C$含量为 $x(t)$,

由衰变速度与含量成正比, 得微分方程 $\dfrac{\mathrm{d}x}{\mathrm{d}t}=-kx$, $k>0$, 是比例常数.

负号表示 $^{14}C$ 含量递减, 导数 $<0$. 该微分方程通解是

$x(t)=C\mathrm{e}^{-kt}$.

设文物刚掩埋的时间 $t=0$. 那时 $^{14}C$ 含量为 $x_0$, 代入通解得特解

$x(t)=x_0\mathrm{e}^{-kt}$.　　①

$^{14}C$ 的半衰期 $T=5568$ (年). 则 $x(T)=x_0\mathrm{e}^{-kT}=\dfrac{x_0}{2}$, 得 $k=\dfrac{\ln 2}{T}$, 所以 $x(t)=$

$x_0\mathrm{e}^{-\frac{\ln 2}{T}t}$, 解出 $t=\dfrac{T}{\ln 2}\ln\left(\dfrac{x_0}{x(t)}\right)$.　　②

由于文物内初始 $^{14}C$ 的含量 $x_0$ 与现在 $^{14}C$ 的含量 $x(t)$ 都难以测定, 所以不容易算出 $t$.

对①式两边求导, $x'(t)=-x_0 k\mathrm{e}^{-kt}=-kx(t)$.　　③

令 $t=0$ 代入, $x'(0)=-kx(0)=-kx_0$.　　④

将④式除以③式得 $\dfrac{x'(0)}{x'(t)}=\dfrac{x_0}{x(t)}$.　　⑤

代入②式, 得 $t=\dfrac{T}{\ln 2}\ln\left(\dfrac{x'(0)}{x'(t)}\right)$.　　⑥

现在已知 $x'(0)=38.37$, $x'(t)=17.21$, $T=5568$ (年). 代入⑥式得 $t=\dfrac{5568}{\ln 2}$ $\ln\left(\dfrac{38.37}{17.21}\right)=6440$ (年). 结论是三星堆文明大致在 6440 年前.

注: ⑤式 $\dfrac{x_0}{x(t)}=\dfrac{x'(0)}{x'(t)}$ 还可以不加推导直接观察得到, $^{14}C$ 的衰变速度与含量成正比, 比例系数永远是固定的. 含量多, 则衰变速度快, 含量少则衰变速度慢. 所以两个不同时刻的 $^{14}C$ 的含量之比, 可以换成用两个时刻的 $^{14}C$ 衰变速度之比来代替. $\dfrac{x_0}{x(t)}=\dfrac{x'(0)}{x'(t)}$. $^{14}C$ 的含量不容易测得, $^{14}C$ 的衰变速度却容易测得.

```
[python 代码]:exp7-17. py
from sympy import *
t,k,x0,C1,dt0,dt=symbols('t k x0 C1 dt0 dt')
print('设第 t 年,文物中14C 含量为 x(t)')
print('所得微分方程为:dx/dt=-kx',)
#令 x(t)为函数
x=symbols('x', cls=Function)
#创建微分方程,求得通解
eqn=Eq(x(t). diff(t),-k*x(t))
```

```
solutions=dsolve(eqn, x(t))
print('微分方程通解为:', solutions)
solutions1=solutions. subs(C1,x0)
print('设文物刚掩埋的时间 t=0的14C 含量为 x0,代入通解得特解:',solutions1)
♯print('t=', solve(solutions1,t))
neweq=solutions1. subs({x(t):x0/2})
result=solve(neweq, k)[0]. subs(t,5568). evalf(6) ♯解得 k 值
print('因14C 的半衰期为 T=5568年,带入方程解,得 k=', result)
print('因为 x0/x(t)=dt0/dt,带入数据计算得')
t1=ln(dt0/dt)/k
r=t1. subs({dt0:38. 37,dt:17. 21,k:result})
print('三星堆文明大致年代:', r. evalf(5),'年')
```

［结果输出］

```
设第 t 年,文物中14C 含量为 x(t)
所得微分方程为:dx/dt=-kx
微分方程通解为:Eq(x(t), C1*exp(-k*t))
设文物刚掩埋的时间 t=0的14C 含量为 x0,代入通解得特解: Eq(x(t), x0*exp(-k*t))
因¹⁴C 的半衰期为 T=5568年,带入方程解,得 k= 0.000124488
因为 x0/x(t)=dt0/dt,带入数据计算得三星堆文明大致为: 6440年前
```

### 7.3.2　环境污染问题

**例 18**　某池塘原有 20000 吨清水（指不含有害杂质），从时间 $t=0$ 开始，含有 5% 有害物质的浊水流入该池塘，流入速度为 5 t/min. 流入的浊水与池塘中的水充分混合（不考虑沉淀）后又以 2 t/min 的速度流出池塘. 问：

经过多长时间后塘中有害物质的浓度达到 4%.

在经过相当长时间后，池塘中有害物质的浓度会达到 15% 吗？

［实验方案］

第一步，建立微分方程.

设在时刻 $t$，池塘中的有害物质含量为 $Q(t)$. 此时有害物质浓度为 $\dfrac{Q(t)}{20000}$，$\dfrac{\mathrm{d}Q(t)}{\mathrm{d}t}$ 是单位时间内池塘中有害物质的变化量.

$$\frac{\mathrm{d}Q}{\mathrm{d}t} = 5\% \times 5 - \frac{Q(t)}{20000} \times 2 = \frac{1}{4} - \frac{Q(t)}{10000}.$$

第二步，求微分方程的通解

该微分方程是可分离变量方程，分离变量后，得：

$$\frac{\mathrm{d}Q(t)}{2500-Q(t)}=\frac{1}{10000}\mathrm{d}t.$$

积分得 $Q(t)-2500=C\mathrm{e}^{-\frac{t}{10000}}$，即 $Q(t)=2500+C\mathrm{e}^{-\frac{t}{10000}}$.

最后，求出方程的特解.

由 $t=0$ 时 $Q=0$，得，$C=-2500$，故 $Q(t)=2500(1-\mathrm{e}^{-\frac{t}{10000}})$.

当池塘中有害物质浓度达到 4% 时，应有有害物质 $Q=20000\times4\%=800(\mathrm{t})$.

此时有 $800=2500(1-\mathrm{e}^{-\frac{t}{10000}})$，解之得 $t\approx3810(\mathrm{min})$.

即经过约 3810 min 后，池塘中有害物质浓度可达到 4%.

由于 $\lim\limits_{t\to+\infty}Q(t)=2500$，可见池塘中有害物质最终浓度只会达到 $\dfrac{2500}{20000}=12.5\%$，无论经过多长时间，有害物质浓度也不会达到 15%.

```
[python 代码]:exp7-18.py
from sympy import *
t,k,x0,C1,dt0,dt=symbols('t k x0 C1 dt0 dt')
print('设时刻 t 池塘中的有害物质含量为 Q(t),此时有害物质浓度为 Q(t)/20000')
print('所得微分方程为:dQ(t)/dt=1/4-Q(t)/10000',)
#令 Q(t)为函数
Q=symbols('Q', cls=Function)
#创建微分方程,求得通解
eqn=Eq(Q(t).diff(t),1/4-Q(t)/10000)
solutions=dsolve(eqn, Q(t))
print('微分方程通解为:', solutions)
C=solve(solutions.subs({t:0,Q(t):0}),C1)
solutions1=solutions.subs(C1,C[0])
print('t=0时 Q=0,代入通解得特解:',solutions1)
time=solve(solutions1.subs(Q(t),20000*0.04),t)
print('有害物质浓度达到4%时,代入方程,求得时间:',time[0].evalf(5))
#求 Q(t)极限
print('有害物质极限浓度为:',(limit(solutions1.rhs,t, 'oo')/20000*100).evalf(3),'%')
```

[结果输出]

```
设时刻 t 池塘中的有害物质含量为 Q(t),此时有害物质浓度为 Q(t)/20000
所得微分方程为:dQ(t)/dt=1/4-Q(t)/10000
微分方程通解为:Eq(Q(t), C1*exp(-0.0001*t)+2500.0)
t=0时 Q=0,代入通解得特解:Eq(Q(t), 2500.0-2500.0*exp(-0.0001*t))
有害物质浓度达到4%时,代入方程,求得时间:3856.6
有害物质极限浓度为: 12.5 %
```

### 7.3.3　简单模拟地震波传播过程

**例 19**　地震是一种常见的自然现象，它是由地球内部介质局部发生急剧的破裂，产生地震波，从而在一定范围内引起地面振动的现象．地震波威力强大，可以在岩石、水中传播，因此研究人员常常使用对地震过程进行记录分析的方法，来进行地球物理学研究．而且在地质勘探中，我们常常借助制造人工地震，通过分析对地下介质里地震波传播的种种规律来推断地球内部构造情况．而研究地震波传播规律的重要途径就是用数值来模拟地震波场．下面尝试建立地震波传播的数学模型，并用程序模拟地震波的传播．

［实验方案］

在建立模型之前，应当对地震波加以简单分析．我们最熟悉的波动是水波．地震运动与此类似．我们感受到的摇动就是由地震波的能量产生的弹性岩石的震动．但是地震波并不是单一的一种波，它分为两种：第一种波的物理特性恰如声波．声波是在空气里由交替的挤压（推）和扩张（拉）而传递的．因为液体、气体和固体岩石一样能够被压缩，同样类型的波能在水体如海洋和湖泊及固体地球中穿过．在地震时，这种波从断裂处以同等速度向所有方向外传，交替地挤压和拉张它们穿过的岩石，其颗粒在这些波传播的方向上向前和向后运动，换句话说，这些颗粒的运动是垂直于波前的．向前和向后的位移量称为振幅．在地震学中，这种类型的波叫 P 波，即纵波，它是首先到达的波．但是弹性岩石与空气有所不同，空气可受压缩但不能剪切，而弹性物质通过使物体剪切和扭动，这样可以允许第二种波传播．地震产生的第二种波叫 S 波．在 S 波通过时，岩石的表现与在 P 波传播过程中的表现不同．因为 S 波涉及剪切而不是挤压，使岩石颗粒的运动横过运移方向．这些岩石运动可在一垂直向或水平面里，它们与光波的横向运动相似，所以 S 波又叫横波．P 波和 S 波同时存在使地震波列成为具有独特性质的组合，使之不同于光波或声波的物理表现．

在此，我们主要建立横波的数学模型并加以模拟．首先从建立一维振动波传播模型出发，建立横波传播的数学模型．

确定模型假设条件：假设弦是在理想状态下振动，也就是说弦振动时除自身张力外不受其他任何外力影响．

由此我们作出如下假设：弦是均匀的，线密度为常数，只考虑垂直方向的振动（既是一维的振动）；整根弦可以细分为很多极小的小段，并且把这些小段抽象为质点．也就是说，把弦看作由许多小的质点连接而成的．显然，每个质点必须满足牛顿第二定律（物体的加速度跟物体所受的合外力成正比，跟物体的质量成反比，加速度的方向跟合外力的方向相同）；弦的质量相对于拉力可以忽略不计，并且是柔软的，仅仅受到相邻质点（小弦段）的拉力作用，不受垂直外力作用；虽然有拉力，但是质点（小弦段）都没有水平方向的位移；对弦的扰动是微小的（振动能量不大）．

考察如图 7-1 所示受力分析图，考虑图中 3 个小的弧段 $MA$、$AB$、$BC$ 所受的张力，用 $\rho$ 表示弦的线密度，用 $ds$ 表示小弧段 $AB$ 的弧长，则 $AB$ 的质量可以表示为 $\rho ds$．

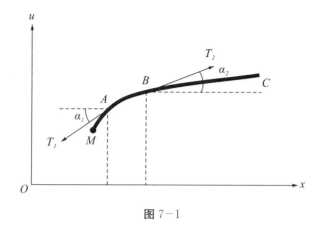

图 7-1

再按图 7-1 所示，设小段弧 $AB$ 所受小弧段 $MA$ 和小弧段 $BC$ 的张力分别为 $T_1$ 与 $T_2$，则由上面的假设可知该状态在水平方向满足：

$$T_2\cos\alpha_2 - T_1\cos\alpha_1 = 0.$$

由假设可知，按照垂直于横坐标轴 $x$ 方向上的牛顿第二定律有：

$$T_2\sin\alpha_2 - T_1\sin\alpha_1 = (\rho\mathrm{d}s)u_{tt}.$$

其中，$u_{tt}$ 为弦的垂直方向的加速度，$u$ 为质点的垂直方向的位移.

再由假设可知，有 $\dfrac{\partial u}{\partial x} \approx \tan\alpha_2 \approx \alpha_2 \ll 1$ 成立，故可以计算小弧段 $AB$ 的弧长近似值：

$$\mathrm{d}s = \sqrt{(\mathrm{d}x)^2 + (\mathrm{d}u)^2} = \sqrt{1 + (\frac{\partial u}{\partial x})^2}\,\mathrm{d}x \approx \mathrm{d}x.$$

同样的由假设可知，有 $\cos\alpha_1 \approx 1$，$\cos\alpha_2 \approx 1$，$\sin\alpha_1 \approx \alpha_1 \approx \tan\alpha_1$，$\sin\alpha_2 \approx \alpha_2 \approx \tan\alpha_2$，且 $\tan\alpha_1 = \dfrac{\partial u(t,x)}{\partial x}$，$\tan\alpha_2 = \dfrac{\partial u(t,x+\Delta x)}{\partial x}$.

因此，前两个方程可简化为

$$T_1 - T_2 = 0,$$

$$T_2\frac{\partial u(x+\Delta x)}{\partial x} - T_1\frac{\partial u(x)}{\partial x} = u_{tt}\rho\Delta x.$$

由上两式得：

$$\rho\frac{\partial^2 u}{\partial t^2} - T\frac{\partial^2 u}{\partial x^2} = 0.$$

即

$$\frac{\partial^2 u}{\partial t^2} - c^2\frac{\partial^2 u}{\partial x^2} = 0.$$

其中，$T = T_1$，$c = \sqrt{\dfrac{T}{\rho}}$ 称为振动传播的速度.

由此我们建立了波动方程，但是为了研究其传播规律，需要研究确定性问题的解及其性质. 也就是说，还要考虑波动方程的初值问题：

$$\begin{cases} \dfrac{\partial^2 u}{\partial t^2} = c^2 \dfrac{\partial^2 u}{\partial x^2} & -\infty < x < \infty, t > 0, \\[2mm] u(x,0) = f(x) & -\infty < x < \infty, \\[2mm] \dfrac{\partial u(x,0)}{\partial t} = g(x) & -\infty < x < \infty. \end{cases}$$

其中，$f(x)$ 是初始位移，$g(x)$ 是初始速度. 若 $f(x)$、$g(x)$ 在区间 $(a,b)$ 上的二阶导数连续，那么可得上述方程组（初值问题）的唯一解：

$$u(x,t) = \frac{f(x+ct) + f(x-ct)}{2} + \frac{1}{2c} \int_{x-ct}^{x+ct} g(s)\mathrm{d}s.$$

接下来对解进行分析：

首先 $u(x,t)$ 可以用式 $u(x,t) = P(x+ct) + Q(x-ct)$ 来表示，其中

$$\begin{cases} P(s) = \dfrac{f(s)}{2} + \dfrac{\displaystyle\int_0^s g(z)\mathrm{d}z}{2c}, \\[6mm] Q(s) = \dfrac{f(s)}{2} + \dfrac{\displaystyle\int_s^0 g(z)\mathrm{d}z}{2c}. \end{cases}$$

上述式子告诉我们一个有用的规律，那就是要想知道弦在某一时刻 $T$ 的振动状态 $u(x,t)$，只需要把 $P(s)$ 对应于 $x$ 轴的图形向左平移 $ct$ 个单位，再选加上 $Q(s)$ 对于 $x$ 轴的图形向右平移 $ct$ 个单位就行了. 也就是说，上述任何一个初值问题的解是两个波选加得来的. 至此我们分析出波动方程一类解的形式.

由于前面简单的一维波动模型并不能真实反映地震波传播的实际规律，所以要进一步建立二维波动模型.

前面的模型把介质看作一条理想状态下的弦，现在对该规律加以推广. 把地下介质看作一个无限的半平面，并且假设介质是严格的均匀的弹性介质. 那么二维平面可以看成由无穷条理想弦组成. 因此由前面的波动方程可推出二维波动方程：

$$\frac{\partial^2 u}{\partial t^2} - c^2 \left( \frac{\partial^2 u}{\partial x^2} + \frac{\partial^2 u}{\partial z^2} \right) = 0, x, z \in R, t > 0.$$

接下来对该方程加初值条件进行分析，提出如下地震波传播初值问题：

$$\begin{cases} \dfrac{\partial^2 u}{\partial t^2} = c^2 \left( \dfrac{\partial^2 u}{\partial x^2} + \dfrac{\partial^2 u}{\partial z^2} \right) & t > 0, \\[3mm] u(x,z,0) = \begin{cases} f(x,z) & (x,z) \in S(s_0, \delta), \\ 0 & (x,z) \notin S(s_0, \delta), \end{cases} \\[5mm] \dfrac{\partial u(x,z,0)}{\partial t} = 0 \end{cases}$$

其中，$s_0$ 为震中，$\delta$ 为传播半径，$S(s_0, \delta)$ 为震区，

为了方便数值计算，我们可以人为地选取非震中点的位移值为震中的一半（地震中地震波的能量在远离震中的过程中不断减弱）.

我们有多种方法来求解该问题，例如利用微分方程对计算区域进行网格化，通过数值求解描述地震波传播的微分方程来模拟波的传播. 就目前来看，该方法对模型没有任

何限制，在地震波模拟中使用较为广泛，但主要问题是计算量较大，对计算机内存要求较高；其中，有限差分法（FD）、有限元法（FE）以及傅立叶变换法（PS）是这类模拟方法中使用较多的. 近年来，还出现介于有限差分法和有限元法之间的有限体方法（FV），在理论上应该具有有限元法网格剖分的灵活性，又具有有限差分计算快速的特点，但在简单的矩形网格情况下，该方法完全退化为有限差分法. 在这里为了方便演示，我们用 R-K 法求解该初值问题.

步骤如下：

把高阶方程化为一阶方程组：

$$\begin{cases} \dfrac{\partial v}{\partial t} = c^2\left(\dfrac{\partial^2 u}{\partial x^2} + \dfrac{\partial^2 u}{\partial z^2}\right), \\ \dfrac{\partial u}{\partial t} = v. \end{cases}$$

显然我们不能在无限区域上求解方程，所以把计算区域做网格划分，为了方便计算和演示，把震源放在网格正中心的交点上，如图 7－2 所示.

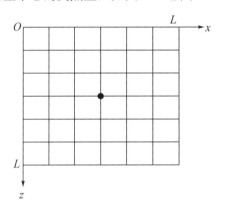

**图** 7－2

由于人为地加上了网格，所以初值问题变成了初边值问题，并且为了减少计算量，还可以将其处理为人为刚性边界，如下式：

$$\begin{cases} \dfrac{\partial u(t,0,z)}{\partial t} = \dfrac{\partial u(t,L,z)}{\partial t} = \dfrac{\partial u(t,x,0)}{\partial t} = \dfrac{\partial u(t,x,L)}{\partial t} = 0, \\ (t,0,z) = u(t,L,z) = u(t,x,0) = u(t,x,L) = 0. \end{cases}$$

当然这样做仅仅是为了计算简化，实际情况要复杂得多.

应用数值微分三点公式离散化波动方程的右端，可得：

$$\frac{\partial w}{\partial t} = \begin{bmatrix} \dot{u}_{ij} \\ \dot{v}_{ij} \end{bmatrix} = \begin{bmatrix} v_{ij} \\ c^2\,\dfrac{u_{i+1,j} - 2u_{i,j} + u_{i-1,j}}{\Delta x^2} + c^2\,\dfrac{u_{i,j+1} - 2u_{i,j} + u_{i,j-1}}{\Delta z^2} \end{bmatrix}.$$

其中，$i = 1,2,3,\cdots,N_1$，$j = 1,2,3,\cdots,N_2$，$u_{i,j} = u(t,i\Delta x,j\Delta z)$，$v_{ij} = v(t, i\Delta x,j\Delta z)$.

$\Delta x,\Delta z$ 是两个方向的步长，$N_1,N_2$ 是两个方向的网格数.

对上述方程求解（R-K 方法）.

```
[python 代码]:exp7-19.py
import numpy as np
from scipy. integrate import odeint
import matplotlib. pyplot as plt
from mpl_toolkits. mplot3d import Axes3D
#定义波动微分方程
def wave(w, t):
    globalwij
    return [w[1], wij]
#主程序
T=1.2
t0=0
tn=0
dx=0.1
dy=0.1
dt=0.1
c=20
nx=30
ny=30
#初始化
u=np. zeros((nx, ny))
un=np. zeros((nx, ny))
vn=np. zeros((nx, ny))
v=np. zeros((nx, ny))
u[nx//2, ny//2]=1e-4
u[nx//2-1, ny//2]=1e-4/2
u[nx//2+1, ny//2]=1e-4/2
u[nx//2, ny//2-1]=1e-4/2
u[nx//2, ny//2+1]=1e-4/2
u[nx//2-1, ny//2-1]=1e-4/2
u[nx//2-1, ny//2+1]=1e-4/2
u[nx//2+1, ny//2-1]=1e-4/2
u[nx//2+1, ny//2+1]=1c-4/2
while tn <= T:
    t0=tn
    tn=tn+dt
    ts=[t0, tn]
    for i in range(1, nx-1):
```

```
        for j in range(1, ny−1):
            wij=c*c*(u[i+1, j]−2*u[i, j]+u[i−1, j])/(dx*dx)+ \
                c*c*(u[i, j+1]−2*u[i, j]+u[i, j−1])/(dy*dy)
            w=[u[i, j], v[i, j]]
            #使用 odeint 解微分方程
            w_solution =odeint(wave, w, ts)
            un[i, j]=w_solution[−1, 0]
            vn[i, j]=w_solution[−1, 1]
    u=un. copy()
    v=vn. copy()
#绘制图形
fig =plt. figure()
ax=fig. add_subplot(111, projection='3d')
X, Y=np. meshgrid(range(nx), range(ny))
ax. plot_surface(X, Y, u,cmap='viridis')
plt. show()
```

[结果输出]

第 0.4 秒时的 30 × 30 波场图如图 7−3 所示.

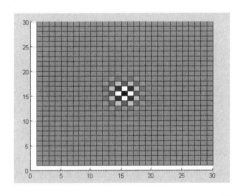 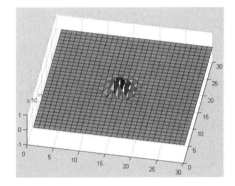

图 7−3

第 0.7 秒时的 30 × 30 波场图如图 7−4 所示.

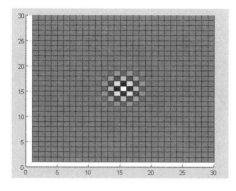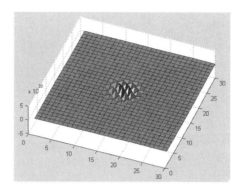

图 7-4

第 $1.0$ 秒时的 $30 \times 30$ 波场图如图 $7-5$ 所示.

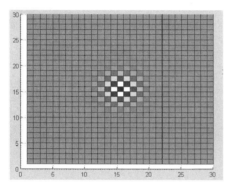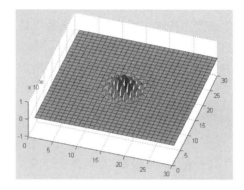

图 7-5

需要补充说明的是，经过编者多次试验，发现在设定波速为 $c = 20\,(\mathrm{m/s})$，网格数为 $30 \times 30$，步长为 $t = 0.1$ 时，使用一般高校数学实验室配置的 PC 机时，建议设置迭代 14 步左右（$T = 1.4$ 左右）. 在该迭代步数内，电脑能够在较快的速度内得出结果，而且此时运算的结果也不是太大，不会溢出.

## 习题 7

1. 求微分方程 $\dfrac{\mathrm{d}y}{\mathrm{d}x} = y^2 \cos x$ 的通解.

2. 求微分方程 $y^2 + x^2 \dfrac{\mathrm{d}y}{\mathrm{d}x} = xy\,\dfrac{\mathrm{d}y}{\mathrm{d}x}$ 的通解.

3. 求一阶线性微分方程 $xy' - 3y = x^4 \mathrm{e}^x$ 的通解.

4. 求微分方程 $yy'' = (y')^2$ 的通解.

5. 求微分方程 $y'' - 2y' + 5y = 0$ 的通解.

6. 求微分方程 $y'' - y' - 2y = 3x + 1$ 的通解.

本章示例代码

# 第8章　级　　数

级数就是无限多项求和. 一个级数的和如果存在，这种情况称为收敛；如果级数的和是无限的或者不存在，就称为发散.

一般说来，级数分为数项级数与函数项级数. 数项级数的知识最简单、最基本. 函数项级数的知识是基于数项级数的知识进行讨论、升级的. 函数项级数的各项以幂函数和三角函数为基本，因此函数项级数里最重要的是幂函数组成的幂级数，正弦余弦函数组成的傅里叶级数.

本单元主要介绍了数项级数、幂级数、傅里叶级数.

## 8.1　数项级数

基本知识点

### 8.1.1　一般数项级数

**例 1**　验证下列级数的敛散性.

$$-\frac{8}{9}+\frac{8^2}{9^2}-\frac{8^3}{9^3}+\cdots+(-1)^n\frac{8^n}{9^n}+\cdots.$$

［实验方案］

数项级数定义

$$S_n=\frac{-(\frac{8}{9})\left[1-(-\frac{8}{9})^n\right]}{1-(-\frac{8}{9})}=\frac{-8}{17}\left[1-(-\frac{8}{9})^n\right].$$

$\lim\limits_{n\to\infty}S_n=-\dfrac{8}{17}$，原级数收敛.

```
[python 代码]:exp8-1.py
import sympy as sp
#定义符号变量和级数通项
n=sp.symbols('n')
term=(-1)**n*(8**n/9**n)
#计算级数的和
series_sum=sp.summation(term, (n, 1, sp.oo))
print('级数的和为:',series_sum)
```

［结果输出］

级数的和为：$-8/17$

**例 2**　验证下列级数的敛散性：

$$\frac{3}{2} + \frac{3^2}{2^2} + \frac{3^3}{2^3} + \cdots + \frac{3^n}{2^n} + \cdots.$$

［实验方案］

$\frac{3}{2} > 1$，原级数发散.

［python 代码］:exp8-2.py
```python
import sympy as sp
#定义符号变量和级数通项
n=sp. symbols('n')
term=3**n/2**n
#计算级数的和
series_sum=sp. summation(term, (n, 1, sp. oo))
print('级数的和为:',series_sum)
```

［结果输出］

级数的和为:$\infty$

**例 3**　验证下列级数的敛散性.

$$\frac{1}{1 \times 3} + \frac{1}{3 \times 5} + \frac{1}{5 \times 7} + \cdots + \frac{1}{(2n-1)(2n+1)} + \cdots.$$

［实验方案］

$$S_n = \frac{1}{2}\Big[\big(1 - \frac{1}{3}\big) + \big(\frac{1}{3} - \frac{1}{5}\big) + \cdots + \big(\frac{1}{2n-1} - \frac{1}{2n+1}\big)\Big]$$

$$= \frac{1}{2}\big(1 - \frac{1}{2n+1}\big), \lim_{n \to \infty} S_n = \frac{1}{2}.$$

原级数收敛.

［python 代码］:exp8-3.py
```python
import sympy as sp
#定义符号变量和级数通项
n=sp. symbols('n')
term=1/((2*n-1)*(2*n+1))
#计算级数的和
series_sum=sp. summation(term, (n, 1, sp. oo))
print('级数的和为:',series_sum)
```

［结果输出］

级数的和为：1/2

## 8.1.2　正项级数

判断正项级数敛散方法一般有比较判别法、比值判别法、根值判别法、积分判别法.

**例 4**　用比较判别法判定级数 $\sum\limits_{n=1}^{\infty} \sin \dfrac{1}{n^2}$ 的收敛性.

［实验方案］

因为 $\lim\limits_{n \to \infty} \dfrac{\sin \dfrac{1}{n^2}}{\dfrac{1}{n^2}} = 1$，所以 $\sum\limits_{n=1}^{\infty} \sin \dfrac{1}{n^2}$ 与 $\sum\limits_{n=1}^{\infty} \dfrac{1}{n^2}$ 具有相同的敛散性.

$\sum\limits_{n=1}^{\infty} \sin \dfrac{1}{n^2}$ 收敛.

```
［python 代码］:exp8-4.py
import sympy as sp
#定义符号变量和级数通项
n=sp.symbols('n')
term1=sp.sin(1/n**2)
term2=1/n**2
#计算级数的和
series_sum=sp.summation(term2, (n, 1, sp.oo))
print('级数',term2,'的和为',series_sum)
#计算极限
lmt=sp.limit(term1/term2,n,sp.oo)
if (lmt==1):
    print('两个级数有相同的敛散性,因',term2,'收敛,故',term1,'也收敛.')
```

［结果输出］

级数 $\sum$ n**(-2) 的和为 pi**2/6

**例 5**　用比值判别法判定下列级数的收敛性.

(1) $\dfrac{3}{1 \times 2} + \dfrac{3^2}{2 \times 2^2} + \dfrac{3^3}{3 \times 2^3} + \cdots + \dfrac{3^n}{n \times 2^n} + \cdots$;

(2) $\sum\limits_{n=1}^{\infty} \dfrac{n^2}{3^n}$.

[实验方案]

(1) $\lim\limits_{n \to \infty} \dfrac{u_{n+1}}{u_n} = \lim\limits_{n \to \infty} \dfrac{\dfrac{3^{n+1}}{(n+1)2^{n+1}}}{\dfrac{3^n}{n2^n}} = \dfrac{3}{2} > 1$，故原级数发散.

[python 代码]：exp8-5.py

```python
import sympy as sp
#定义符号变量和级数通项
n=sp.symbols('n')
term1=3**(n+1)/(n+1)/2**(n+1)
term2=3**n/n/2**n
#计算极限
lmt=sp.limit(term1/term2,n,sp.oo)
if (lmt>1):
    print('前后项比值极限为:',lmt,',故原级数发散.')
else:
    print('前后项比值极限为:',lmt,',故原级数收敛.')
```

[结果输出]

前后项比值极限为:3/2 ,故原级数发散

(2) $\lim\limits_{n \to \infty} \dfrac{u_{n+1}}{u_n} = \lim\limits_{n \to \infty} \dfrac{\dfrac{(n+1)^2}{3^{n+1}}}{\dfrac{n^2}{3^n}} = \dfrac{1}{3} < 1$，故原级数收敛.

[python 代码]：exp8-6.py

```python
import sympy as sp
#定义符号变量和级数通项
n=sp.symbols('n')
term1=(n+1)**2/3**(n+1)
term2=n**2/3**n
lmt=sp.limit(term1/term2,n,sp.oo)
if (lmt>1):
    print('前后项比值极限为:',lmt,',故原级数发散.')
else:
    print('前后项比值极限为:',lmt,',故原级数收敛.')
```

[结果输出]

前后项比值极限为:1/3 ,故原级数收敛

**例6** 用根值判别法判定下列级数的收敛性.

(1) $\sum_{n=1}^{\infty}\left(\dfrac{n}{2n+1}\right)^{n}$;

(2) $\sum_{n=1}^{\infty}\dfrac{1}{[\ln(n+1)]^{n}}$.

[实验方案]

(1) $\lim\limits_{n\to\infty}\sqrt[n]{u_{n}}=\lim\limits_{n\to\infty}\sqrt[n]{(\dfrac{n}{2n+1})^{n}}=\dfrac{1}{2}<1$，故原级数收敛.

[python 代码]:exp8-7.py
```
import sympy as sp
#定义符号变量和级数根值项
n=sp.symbols('n')
term=((n/(2*n+1))**n)**(1/n)
lmt=sp.limit(term,n,sp.oo)
if (lmt>1):
    print('根值极限为:',lmt,',故原级数发散.')
else:
    print('根值极限为:',lmt,',故原级数收敛.')
```

[结果输出]

根值极限为:1/2,故原级数收敛

(2) $\lim\limits_{n\to\infty}\sqrt[n]{u_{n}}=\lim\limits_{n\to\infty}\sqrt[n]{\dfrac{1}{\ln(1+n)^{n}}}=0<1$，故原级数收敛.

[python 代码]:exp8-8.py
```
import sympy as sp
#定义符号变量和级数根值项
n=sp.symbols('n')
term=(1/sp.log(1+n)**n)**(1/n)
lmt=sp.limit(term,n,sp.oo)
if (lmt>1):
    print('根值极限为:',lmt,',故原级数发散.')
else:
    print('根值极限为:',lmt,',故原级数收敛.')
```

[结果输出]

根值极限为:0,故原级数收敛

## 8.1.3 级数的和

已知一个幂级数，要想知道其在收敛域内和函数是多少，常常采用逐项求导或逐项积分的方法.

**例 7** 利用逐项求导或逐项积分，求下列级数的和函数：

(1) $\sum_{n=1}^{\infty} n x^{n-1}$,

(2) $x + \dfrac{x^3}{3} + \dfrac{x^5}{5} + \cdots + \dfrac{x^{2n-1}}{2n-1} + \cdots$.

[实验方案]

(1) 收敛域为 $(-1,1)$.

$$S(x) = \sum_{n=1}^{\infty} n x^{n-1} = \sum_{n=1}^{\infty} (x^n)' = \left(\sum_{n=1}^{\infty} x^n\right)' = \left(\frac{x}{1-x}\right)' = \frac{1}{(1-x)^2}.$$

```
[python 代码]:exp8-9.py
import sympy as sp
#定义符号变量和级数根值项
n,x=sp.symbols('n x')
term=n*x**(n-1)
#计算级数的和
series_sum=sp.summation(term, (n, 1, sp.oo))
print('级数的和为:',series_sum)
```

[结果输出]

级数的和为: Piecewise(((1-x)**(-2), Abs(x) < 1), (Sum(n*x**(n-1), (n, 1, oo)), True))

从输出结果可以看出，当 $-1 < x < 1$ 时，级数和为 $\dfrac{1}{(1-x)^2}$.

(2) 收敛域为 $[-1,1)$.

$$S'(x) = \left(\sum_{n=1}^{\infty} \frac{x^{2n-1}}{2n-1}\right)' = \sum_{n=1}^{\infty} \left(\frac{x^{2n-1}}{2n-1}\right)' = \sum_{n=1}^{\infty} x^{2n-2} = \frac{1}{1-x^2}.$$

$$S(x) = \int_0^x \frac{1}{1-x^2} \, dx = \frac{1}{2} \ln\left(\frac{1+x}{1-x}\right).$$

```
[python 代码]:exp8-10.py
import sympy as sp
#定义符号变量和级数通项
n,x=sp.symbols('n x',real=True)
```

```
term=x**(2*n−1)/(2*n−1)
#计算级数的和
series_sum=sp. summation(term, (n, 1, sp.oo))
print('级数的和为:',series_sum)
```

［结果输出］

级数的和为：Piecewise((atanh(x), (x**2 <= 1) & Ne(x**2, 1)), (Sum(x**(2*n−1)/(2*n−1), (n, 1, oo)), True))

从输出结果可以看出，当 $-1 \leqslant x < 1$ 时，级数和为 atanh($x$)，即 $\frac{1}{2}\ln(\frac{1+x}{1-x})$.

## 8.2 函数项级数

### 8.2.1 幂级数

在许多应用中，给定函数 $f(x)$，要考虑能否找到这样一个幂级数，它在某区间内收敛，其和恰好就是 $f(x)$. 如果能找到这样的幂级数，我们就称函数 $f(x)$ 在该区间内能展开成幂级数.

函数项级数
定义

**例 8** 将下列函数展开成 $x$ 的幂级数，并求展开式成立的区间.

(1) $f(x) = \ln(1+x)$;  (2) $f(x) = \sin x$;

(3) $f(x) = \mathrm{e}^x$;  (4) $f(x) = \arctan x$.

［实验方案］

(1) $\ln(1+x) = x - \dfrac{x^2}{2} + \dfrac{x^3}{3} - \dfrac{x^4}{4} + \cdots = \sum_{n=1}^{\infty} (-1)^{n-1} \dfrac{x^n}{n}$, $x \in (-1, 1]$.

```
[python 代码]:exp8−11. py
import sympy as sp
#定义符号变量和函数
x=sp. symbols('x')
y=sp. log(1+x)
#展开 x 的幂级数,展开到8阶
power_series=y. series(x, 0, 8)
print(y,'=', power_series,'...')
#确定成立区间
interval=sp. Interval(−1, 1, False, True)   # (−1, 1]区间
#输出成立区间
print('成立区间:', interval)
```

[结果输出]

log(x+1) = x−x**2/2+x**3/3−x**4/4+x**5/5−x**6/6+x**7/7+O(x**8)…
成立区间：Interval. Ropen(−1, 1)

(2) $\sin x = x - \dfrac{x^3}{3!} + \dfrac{x^5}{5!} - \dfrac{x^7}{7!} + \cdots = \sum\limits_{n=1}^{\infty}(-1)^{n-1}\dfrac{x^{2n-1}}{(2n-1)!}$，$x \in (-\infty, +\infty)$.

[python 代码]：exp8−12. py

```
import sympy as sp
# 定义符号变量和函数
x = sp. symbols('x')
y = sp. sin(x)
# 展开成 x 的幂级数,展开到 8 阶
power_ series = y. series(x, 0, 8)
print(y,' = ',power_ series,'...')
# 确定成立区间
interval = sp. Interval(− sp. oo, sp. oo)   # (−oo, oo) 区间
# 输出成立区间
print(' 成立区间:',interval)
```

[结果输出]

sin(x) = x− x**3/6+ x**5/120− x**7/5040+O(x**8)…
成立区间：Interval(−∞, ∞)

(3) $e^x = 1 + x + \dfrac{x^2}{2!} + \dfrac{x^3}{3!} + \dfrac{x^4}{4!} + \cdots = \sum\limits_{n=0}^{\infty}\dfrac{x^n}{n!}$，$x \in (-\infty, +\infty)$.

[python 代码]：exp8−13. py

```
import sympy as sp
# 定义符号变量和函数
x = sp. symbols('x')
y = sp. exp(x)
# 展开成 x 的幂级数,展开到 8 阶
power_ series = y. series(x, 0, 8)
print(y,' = ',power_ series,'...')
# 确定成立区间
interval = sp. Interval(− sp. oo, sp. oo)   # (−oo, oo) 区间
# 输出成立区间
print(' 成立区间:',interval)
```

[结果输出]

exp(x) = 1＋x＋x**2/2＋x**3/6＋x**4/24＋x**5/120＋x**6/720＋x**7/5040＋O(x**8)…

成立区间: Interval(−∞, ∞)

(4) $\arctan x = x - \dfrac{x^3}{3} + \dfrac{x^5}{5} - \dfrac{x^7}{7} + \cdots = \sum\limits_{n=0}^{\infty} (-1)^n \dfrac{x^{2n+1}}{2n+1}$, $x \in [-1, 1]$.

[python 代码]:exp8−14.py

```
import sympy as sp
# 定义符号变量和函数
x = sp.symbols('x')
y = sp.atan(x)
# 展开成 x 的幂级数,展开到 8 阶
power_series = y.series(x, 0, 8)
print(y,' = ',power_series,'...')
# 确定成立区间并输出
interval = sp.Interval(−1, 1, True, True)   # [−1, 1] 区间
print(' 成立区间:',interval)
```

[结果输出]

atan(x)＝x−x**3/3＋x**5/5−x**7/7＋O(x**8)…

成立区间: Interval.open(−1, 1)

有了函数的幂级数展开式，就可以利用它进行近似计算，即在展开式有效的区间上，函数值可以近似地利用这个幂级数按精度要求计算出来.

**例 9** 计算 $\sqrt{e}$ 的近似值，要求误差不超过 $10^{-4}$.

[实验方案]

因为 $e^x = 1 + x + \dfrac{x^2}{2!} + \dfrac{x^3}{3!} + \dfrac{x^4}{4!} + \cdots = \sum\limits_{n=0}^{\infty} \dfrac{x^n}{n!}$, $x \in (-\infty, +\infty)$,

所以 $\sqrt{e} = 1 + \dfrac{1}{2} + \dfrac{1}{2^2 \times 2!} + \dfrac{1}{2^3 \times 3!} + \dfrac{1}{2^4 \times 4!} + \cdots + \dfrac{1}{2^{n-1} \times (n-1)!} + \cdots$.

其截断误差 $|r_n| = \dfrac{1}{2^n n!} + \dfrac{1}{2^{n+1}(n+1)!} + \dfrac{1}{2^{n+2}(n+2)!} + \cdots$

$$\leqslant \dfrac{1}{2^n n!}\left[1 + \dfrac{1}{2(n+1)} + \dfrac{1}{2^2 (n+1)^2} + \cdots\right]$$

$$= \dfrac{1}{2^n n!} \dfrac{1}{1 - \dfrac{1}{2(n+1)}} = \dfrac{n+1}{(2n+1)2^{n-1} n!}.$$

当 $n = 6$ 时，$|r_6| \leqslant \dfrac{7}{13 \times 2^5 \times 6!} = \dfrac{7}{299520} = 0.00002337\cdots$ 满足误差要求，

因此 $\sqrt{e} \approx 1 + \dfrac{1}{2} + \dfrac{1}{2^2 \times 2!} + \dfrac{1}{2^3 \times 3!} + \dfrac{1}{2^4 \times 4!} + \dfrac{1}{2^5 \times 5!} \approx 1.6487.$

```
[python 代码]：exp8-15.py
import sympy as sp
#定义符号变量和函数
x=sp.symbols('x')
f=sp.exp(x)
#展开幂级数到6阶,并移除高阶项
power_series=f.series(x, 0, 6).removeO()
print(f,'=',power_series)
#带入 x=0.5计算,精度到0.0001
print('sqrt(e)=',power_series.evalf(5,subs={x:0.5}))
```

［结果输出］

```
exp(x)=x**5/120+x**4/24+x**3/6+x**2/2+x+1 ...
sqrt(e)= 1.6487
```

**例 10**　计算 $\ln 2$ 的近似值，要求误差不超过 $10^{-4}$，对比利用 $\ln(1+x)$ 以及 $\ln \dfrac{1+x}{1-x}$ 分别展开成幂级数时其收敛速度的快慢.

［实验方案］

$$\ln(1+x) = x - \frac{x^2}{2} + \frac{x^3}{3} - \frac{x^4}{4} + \cdots = \sum_{n=1}^{\infty} (-1)^{n-1} \frac{x^n}{n}, x \in (-1,1].$$

令 $x = 1$ 可得：$\ln 2 = 1 - \dfrac{1}{2} + \dfrac{1}{3} - \dfrac{1}{4} + \cdots + (-1)^{n-1} \dfrac{1}{n} + \cdots.$

其误差为 $|r_n| \leqslant \dfrac{1}{n+1}$，为保证其误差不超过 $10^{-4}$，需要取级数的前 10000 项进行计算. 但这样做的计算量太大.

又因为 $\ln(1-x) = -x - \dfrac{x^2}{2} - \dfrac{x^3}{3} - \dfrac{x^4}{4} - \cdots, x \in [-1,1).$

$\ln \dfrac{1+x}{1-x} = \ln(1+x) - \ln(1-x) = 2(x + \dfrac{x^3}{3} + \dfrac{x^5}{5} + \cdots), x \in (-1,1).$

令 $x = \dfrac{1}{3}$ 可得：$\ln 2 = 2(\dfrac{1}{3} + \dfrac{1}{3} \times \dfrac{1}{3^3} + \dfrac{1}{5} \times \dfrac{1}{3^5} + \cdots).$

如果取得前四项作为 $\ln 2$ 的近似值，则误差为 $|r_4| < \dfrac{1}{70000}$，满足题目要求，于是取 $\ln 2 \approx 2(\dfrac{1}{3} + \dfrac{1}{3} \times \dfrac{1}{3^3} + \dfrac{1}{5} \times \dfrac{1}{3^5} + \dfrac{1}{7} \times \dfrac{1}{3^7}) \approx 0.6931.$

```
[python 代码]:exp8-16.py
import sympy as sp
# 定义符号变量和函数
x=sp.symbols('x')
f=sp.ln((1+x)/(1-x))
# 展开成 x 的幂级数到8阶,并移除高阶项
power_series=f.series(x, 0, 8).removeO()
print(f,'=',power_series)
# 带入 x=1/3计算,精度到0.0001
print('ln(2)=',power_series.evalf(4,subs={x:1/3}))
```

[结果输出]

```
log((x+1)/(1-x))=2*x**7/7+2*x**5/5+2*x**3/3+2*x
ln(2)= 0.6931
```

用 $\ln(1+x)$ 进行展开近似计算的代码读者可以自行尝试.

## 8.2.2 傅里叶级数

函数除了展开为幂级数外,能不能有其他形式的展开,这是我们需要思考的问题,傅里叶级数作为一种特殊的三角级数,其应用面极其广泛.

**例 11** 设矩形波的波形函数 $f(x)$ 的周期为 $2\pi$, $f(x)$ 在 $[-\pi,\pi)$ 上的表达式为 $f(x)=\begin{cases} 0 & -\pi \leqslant x < 0, \\ 1 & 0 \leqslant x < \pi. \end{cases}$ 将 $f(x)$ 展开成傅里叶级数,并作出级数的和函数的图形.

傅里叶级数
定义

[实验方案]

$$a_0 = \frac{1}{\pi}\int_{-\pi}^{\pi} f(x)\mathrm{d}x = \frac{1}{\pi}\int_0^{\pi}\mathrm{d}x = 1.$$

$$a_n = \frac{1}{\pi}\int_{-\pi}^{\pi} f(x)\cos nx\,\mathrm{d}x = \frac{1}{\pi}\int_0^{\pi}\cos nx\,\mathrm{d}x = 0, n = 1,2,3,\cdots.$$

$$b_n = \frac{1}{\pi}\int_{-\pi}^{\pi} f(x)\sin nx\,\mathrm{d}x = \frac{1}{\pi}\int_0^{\pi}\sin nx\,\mathrm{d}x = \frac{1}{n\pi}[1 + (-1)^{n-1}].$$

$$f(x) = \frac{1}{2} + \frac{2}{\pi}\left(\sin x + \frac{1}{3}\sin 3x + \frac{1}{5}\sin 5x + \cdots\right), x \neq k\pi, k = 0, \pm 1, \pm 2, \cdots.$$

```
[python 代码]:exp8-17.py
from sympy import symbols, pi, fourier_series, Piecewise
from sympy.plotting import plot
# 创建符号变量,并定义分段函数
```

```
x=symbols('x')
f=Piecewise((0, x < 0), (1, x > 0))
#计算傅里叶级数
fourier=fourier_series(f, (x, -pi, pi))
#获取展开后的傅里叶级数,只保留前100个项
result=fourier. truncate(n=100)
print('f(x)=', fourier. truncate(n=6),'...') #打印输出前6项
#绘制分段函数图形(-pi, pi)周期
plot( (0*x,(x, -pi, 0)),(x-x+1,(x, 0, pi)), line_color='red')
#绘制傅里叶级数图形
plot((result,(x, -pi, pi)), line_color='blue', title='fourier series(n=20)')
```

[结果输出]

f(x)= 2*sin(x)/pi+2*sin(3*x)/(3*pi)+2*sin(5*x)/(5*pi)+2*sin(7*x)/(7*pi)+
2*sin(9*x)/(9*pi)+1/2+⋯

上述代码画出的图形如图 8-1 所示.

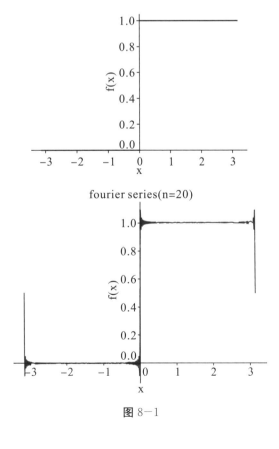

fourier series(n=20)

图 8-1

**例 12** 设函数 $f(x)$ 的周期为 $2\pi$，$f(x)$ 在 $[-\pi, \pi)$ 上的表达式为

$f(x) = \begin{cases} x & -\pi \leqslant x < 0, \\ 0 & 0 \leqslant x < \pi. \end{cases}$ 将 $f(x)$ 展开成傅里叶级数，并作出级数的和函数的

图形.

［实验方案］

$$a_0 = \frac{1}{\pi} \int_{-\pi}^{\pi} f(x) \mathrm{d}x = \frac{1}{\pi} \int_{-\pi}^{0} x \, \mathrm{d}x = -\frac{\pi}{2}.$$

$$a_n = \frac{1}{\pi} \int_{-\pi}^{\pi} f(x) \cos nx \, \mathrm{d}x = \frac{1}{\pi} \int_{-\pi}^{0} x \cos nx \, \mathrm{d}x = \frac{1 - \cos n\pi}{n^2 \pi}, \, n = 1, 2, 3, \cdots.$$

$$b_n = \frac{1}{\pi} \int_{-\pi}^{\pi} f(x) \sin nx \, \mathrm{d}x = \frac{1}{\pi} \int_{-\pi}^{0} x \sin nx \, \mathrm{d}x = -\frac{\cos n\pi}{n}, \, n = 1, 2, 3, \cdots.$$

$$f(x) = -\frac{\pi}{4} + (\frac{2}{\pi}\cos x + \sin x) - \frac{1}{2}\sin 2x + (\frac{2}{3^2 \pi}\cos 3x + \frac{1}{3}\sin 3x) -$$

$$\frac{1}{4}\sin 4x + (\frac{2}{5^2 \pi}\cos 5x + \frac{1}{5}\sin 5x) - \cdots.$$

$$x \neq (2k+1)\pi, \, k = 0, \pm 1, \pm 2, \cdots.$$

```
[python 代码]:exp8-18.py
from sympy import symbols, pi, fourier_series, Piecewise
from sympy. plotting import plot
#创建符号变量,并定义分段函数
x=symbols('x')
f=Piecewise((x, x < 0), (0, x >= 0))
#计算傅里叶级数
fourier=fourier_series(f, (x, -pi, pi))
#获取展开后的傅里叶级数,只保留前100个项
result=fourier. truncate(n=100)
print('f(x)=', fourier. truncate(n=6),'...') #打印输出前6项
#绘制分段函数图形(-pi,pi)周期
plot( (x,(x, -pi, 0)),(0*x,(x, 0,pi)),line_color='red')
#绘制傅里叶级数图形
plot( (result,(x, -pi, pi)),line_color='blue',title='fourier series(n=20)')
```

［结果输出］

f(x)=sin(x)-sin(2*x)/2+sin(3*x)/3-sin(4*x)/4+sin(5*x)/5+2*cos(x)/pi+2*cos(3*x)/(9*pi)+2*cos(5*x)/(25*pi)-pi/4+...

上述代码画出的图形如图 8-2 所示.

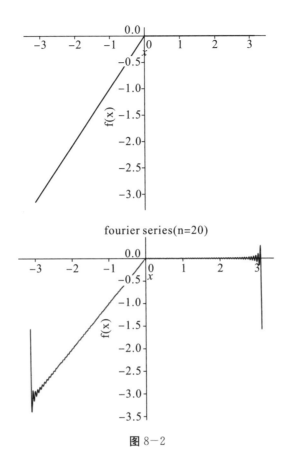

图 8-2

在实际研究某种波动问题，如热传导、热扩散问题时，有时还需要把定义在区间 $[0,\pi]$ 上的函数展开成正弦级数或余弦级数．一般采用的方法是先对函数进行奇延拓（补充函数的定义域让其在 $[-\pi,\pi]$ 区间内变成奇函数）或者偶延拓（补充函数的定义域让其在 $[-\pi,\pi]$ 区间内变成偶函数），然后对函数进行周期延拓（补充函数的定义域让其变为周期为 $2\pi$ 的周期函数），最后再展开成傅里叶级数．

**例 13**　将函数 $f(x)=x(0\leqslant x<\pi)$ 展开成正弦级数和余弦级数．

［实验方案］

$$b_n=\frac{2}{\pi}\int_0^\pi f(x)\sin nx\,\mathrm{d}x=\frac{2}{\pi}\int_0^\pi x\sin nx\,\mathrm{d}x=-\frac{2\cos n\pi}{n},\ n=1,2,3,\cdots$$ 展开成正弦

级数为：

$$f(x)=2(\sin x-\frac{1}{2}\sin 2x+\frac{1}{3}\sin 3x-\frac{1}{4}\sin 4x+\frac{1}{5}\sin 5x+\cdots)$$

$$=2\sum_{n=1}^{\infty}\frac{(-1)^{n+1}}{n}\sin nx,\ x\neq\pm\pi,\pm 3\pi,\cdots.$$

$$a_n=\frac{2}{\pi}\int_0^\pi f(x)\cos nx\,\mathrm{d}x=\frac{2}{\pi}\int_0^\pi x\cos nx\,\mathrm{d}x=\frac{2(\cos n\pi-1)}{n^2\pi},\ n=1,2,3,\cdots.$$

$$a_0=\frac{2}{\pi}\int_0^\pi f(x)\,\mathrm{d}x=\frac{2}{\pi}\int_0^\pi x\,\mathrm{d}x=\pi.$$

展开成余弦级数为:

$$f(x) = \frac{\pi}{2} - \frac{4}{\pi}\left(\cos x + \frac{1}{3^2}\cos 3x + \frac{1}{5^2}\cos 5x + \cdots\right), -\infty < x < +\infty.$$

[python 代码]:exp8-19.py

```
from sympy import symbols, pi, fourier_series, Piecewise
from sympy. plotting import plot
#创建符号变量,并定义分段函数
x=symbols('x')
#对 f(x)=x 做奇延拓和偶延拓
f=Piecewise((x, x < 0), (x, x > 0))
f1= Piecewise((-x, x < 0), (x, x > 0))
#计算傅里叶级数
fourier=fourier_series(f, (x, -pi, pi))
fourier1=fourier_series(f1, (x, -pi, pi))
#获取展开后的傅里叶级数,只保留前6项
result=fourier. truncate(n=6)
result1=fourier1. truncate(n=6)
print('正弦展开:f(x)=', result, '...')
print('余弦展开:f(x)=', result1, '...')
```

[结果输出]

正弦展开:f(x)= 2*sin(x)−sin(2*x)+2*sin(3*x)/3−sin(4*x)/2+2*sin(5*x)/5−sin(6*x)/3···

余弦展开:f(x)= −4*cos(x)/pi−4*cos(3*x)/(9*pi)−4*cos(5*x)/(25*pi)−4*cos(7*x)/(49*pi)−4*cos(9*x)/(81*pi)+pi/2···

实际问题中所遇到的函数,它的周期不一定是 $2\pi$,因此需要经过自变量的变量代换,转换成周期是 $2\pi$ 的周期函数,再展开为傅里叶级数.

**例 14** 设函数 $f(x)$ 是周期为 1 的周期函数,它在一个周期内的表达式为 $f(x) = 1 - x^2\left(-\frac{1}{2} \leqslant x < \frac{1}{2}\right)$,将 $f(x)$ 展开成傅里叶级数.

[实验方案]

$$a_0 = \frac{1}{\frac{1}{2}}\int_{-\frac{1}{2}}^{\frac{1}{2}} f(x)\mathrm{d}x = 2\int_{-\frac{1}{2}}^{\frac{1}{2}} (1-x^2)\mathrm{d}x = \frac{11}{6}.$$

$$a_n = 2\int_{-\frac{1}{2}}^{\frac{1}{2}} f(x)\cos 2nx\,\mathrm{d}x = 2\int_{-\frac{1}{2}}^{\frac{1}{2}} (1-x^2)\cos 2nx\,\mathrm{d}x = \frac{(-1)^{n+1}}{n^2\pi^2}, n = 1,2,3,\cdots.$$

$$b_n = 2\int_{-\frac{1}{2}}^{\frac{1}{2}} f(x)\sin 2nx\,\mathrm{d}x = 2\int_{-\frac{1}{2}}^{\frac{1}{2}} (1-x^2)\sin 2nx\,\mathrm{d}x = 0, n = 1,2,3,\cdots.$$

$$f(x) = \frac{11}{12} + \frac{1}{\pi^2} \sum_{n=1}^{\infty} \frac{(-1)^{n+1}}{n^2} \cos 2n\pi x \quad \left(-\frac{1}{2} \leqslant x < \frac{1}{2}\right).$$

［python 代码］:exp8-20.py
```
from sympy import *
from sympy. plotting import plot
#创建符号变量,并定义函数
x=symbols('x')
f=1-x**2
#计算傅里叶级数
fourier=fourier_series(f, (x,  Rational(-1/2),Rational(1/2)))
#获取展开后的傅里叶级数,只保留前6项
result=fourier. truncate(n=6)
print('f(x)=', result, '...')
```

［结果输出］

f(x)=cos(2*pi*x)/pi**2-cos(4*pi*x)/(4*pi**2)+cos(6*pi*x)/(9*pi**2)-cos(8*pi*x)/(16*pi**2)+cos(10*pi*x)/(25*pi**2)+11/12

**例 15** 将函数 $f(x) = x^2 (0 \leqslant x \leqslant 2)$ 分别展开成正弦级数和余弦级数.
［实验方案］
$$b_n = \frac{2}{2} \int_0^2 f(x) \sin \frac{n\pi x}{2} dx = \int_0^2 x^2 \sin \frac{n\pi x}{2} dx = \frac{8}{\pi}\left[\frac{(-1)^{n+1}}{n} + \frac{2(-1)^n - 2}{n^3 \pi^2}\right],$$
$n = 1,2,3,\cdots.$
展开成正弦级数为:
$$f(x) = \frac{8}{\pi} \sum_{n=1}^{\infty} \left[\frac{(-1)^{n+1}}{n} + \frac{2(-1)^n - 2}{n^3 \pi^2}\right] \sin \frac{n\pi}{2} x \quad (0 \leqslant x < 2).$$
$$a_n = \frac{2}{2} \int_0^2 f(x) \cos \frac{n\pi x}{2} dx = \frac{2}{2} \int_0^2 x^2 \cos \frac{n\pi x}{2} dx = \frac{16}{\pi^2} \sum_{n=1}^{\infty} \frac{(-1)^n}{n^2}, n = 1,2,3,\cdots.$$
$$a_0 = \frac{2}{2} \int_0^2 f(x) dx = \frac{2}{2} \int_0^2 x^2 dx = \frac{8}{3},$$
展开成余弦级数为:
$$f(x) = \frac{4}{3} + \frac{16}{\pi^2} \sum_{n=1}^{\infty} \frac{(-1)^n}{n^2} \cos \frac{n\pi}{2} x \quad (0 \leqslant x \leqslant 2).$$

［python 代码］:exp8-21. py
```
from sympy import *
#创建符号变量,并定义分段函数
x=symbols('x')
```

```
# 对 f(x)=x**2做奇延拓和偶延拓
f=Piecewise((-(-x)**2, x < 0), (x**2, x >0))
f1= Piecewise(((-x)**2, x < 0), (x**2, x >0))
# 计算傅里叶级数,注意周期为(-2,2)
fourier=fourier_series(f, (x, -2, 2))
fourier1=fourier_series(f1, (x, -2, 2))
# 获取展开后的傅里叶级数,只保留前6项
result=fourier. truncate(n=6)
result1=fourier1. truncate(n=6)
print('正弦展开:f(x)=', result, '...')
print('余弦展开:f(x)=', result1, '...')
```

[结果输出]

正弦展开:f(x)= (−64/pi**3+16/pi)*sin(pi*x/2)/2−4*sin(pi*x)/pi+(−64/(27*pi**3)+16/(3*pi))*sin(3*pi*x/2)/2−2*sin(2*pi*x)/pi+(−64/(125*pi**3)+16/(5*pi))*sin(5*pi*x/2)/2−4*sin(3*pi*x)/(3*pi)+⋯

余弦展开:f(x)= −16*cos(pi*x/2)/pi**2+4*cos(pi*x)/pi**2−16*cos(3*pi*x/2)/(9*pi**2)+cos(2*pi*x)/pi**2−16*cos(5*pi*x/2)/(25*pi**2)+4/3+⋯

可以计算验证,上述代码输出结果与前面推导的级数表达式一致.

## 8.3 综合案例

### 8.3.1 天然气产量问题

某油气田的经验数据信息显示,天然气在开采后第 $n$ 年的产量可大致由下面的函数给出:$Q(n) = an (0.98)^n$(百万平方米). 其中,$a$ 为一常数,$a > 0$,试根据上述式子估计前 $n$ 年的总产量.

[实验方案]

$$Q = \sum_{k=1}^{n} Q(n) = \sum_{k=1}^{n} ak(0.98)^k = a\sum_{k=1}^{n} k(0.98)^k = a\sum_{k=1}^{n} kq^k, \quad q = 0.98.$$

$$\sum_{k=1}^{n} kq^k = \sum_{k=1}^{n}(k+1)q^k - \sum_{k=1}^{n} q^k = \sum_{k=1}^{n}[q^{k+1}]' - \sum_{k=1}^{n} q^k$$

$$= \left[\sum_{k=1}^{n} q^{k+1}\right]' - \frac{q(1-q^n)}{1-q} = \left[\frac{q^2(1-q^n)}{1-q}\right]' - \frac{q(1-q^n)}{1-q} \quad (\text{以 } q \text{ 为变量})$$

$$= \frac{[2q(1-q^n)+q^2(-nq^{n-1})](1-q)+q^2(1-q^n)}{(1-q)^2} - \frac{q(1-q^n)}{1-q}$$

$$= q\frac{1-(n+1)q^n+nq^{n+1}}{(1-q)^2}.$$

因此有 $Q = aq \dfrac{1-(n+1)q^n+nq^{n+1}}{(1-q)^2} = a \times 0.98 \times \dfrac{1-(n+1)0.98^n+n0.98^{n+1}}{(0.02)^2}$.

当 $a = 0.085$，$n = 20$ 时，前 20 年总产量：

$Q = 0.085 \times 0.98 \times \dfrac{1-(20+1)\,0.98^n+20 \times 0.98^{21}}{0.02^2} \approx 13.6089$（百万平方米）.

[python 代码]：exp8-22.py

```python
import sympy as sp
#定义符号变量和级数通项
k,a,n=sp.symbols('k a n')
term=a*k*0.98**k
#计算级数的和
series_sum=sp.summation(term, (k, 1, n))
#带入 a=0.085,n=20,保留6位数值
result=series_sum.subs({a:0.085,n:20}).evalf(6)
print('总产量为(a=0.085,n=20):',result)
```

[结果输出]

总产量为(a=0.085,n=20)：13.6089

## 8.3.2　森林资源利用问题

某市森林资源丰富，砍伐的木材经批准后可以卖出，砍伐后的土地还可以做其他用途. 但为了保持生态平衡，国家规定森林面积红线，砍伐的森林面积永远不能超过现有面积的 1/10. 因此每年砍伐的森林面积只能逐年递减，并且以 1% 的速度递减. 问今年能砍伐的森林面积最多是现在森林面积的百分之几？

[实验方案]

设有森林总面积 $M$ 公顷. 今年砍掉 $x$ 公顷. 则从今以后所有砍伐面积之和是：

$x + 0.99x + (0.99)^2 x + (0.99)^3 x + (0.99)^4 x + \cdots \leqslant \dfrac{M}{10}$.

对上式左边求和：$100x \leqslant \dfrac{M}{10}$.

所以 $x \leqslant \dfrac{M}{1000}$.

故今年最多只能砍掉 0.1% 的森林面积.

[python 代码]:exp8-23. py
```
import sympy as sp
#定义符号变量和级数通项
x,n=sp. symbols('x n')
term=x*0.99**(n-1)
#计算级数的和
series_sum=sp. summation(term, (n, 1, sp. oo))
print('级数的和为:', series_sum)
print('今年砍掉森林面积<=',(0.1*x/series_sum*100). evalf(2),'%')
```

[结果输出]

级数的和为:100.0*x
今年砍掉森林面积<= 0.10 %

## 习题 8

1. 求幂级数 $\sum\limits_{n=0}^{\infty} (-1)^n \dfrac{x^{n+1}}{n+1}$ 的和函数.

2. 求级数 $\sum\limits_{n=1}^{\infty} \dfrac{n(n+1)}{2^n}$ 的和.

3. 将函数 $f(x) = 2^x$ 展开成 $x$ 的幂级数.

4. 将函数 $\dfrac{1}{3-x}$ 展开成 $x-1$ 的幂级数.

5. 设 $f(x)$ 是周期为 $2\pi$ 的周期函数,$f(x)$ 在 $[-\pi, \pi)$ 上的表达式为 $f(x) = \begin{cases} -1 & -\pi \leqslant x < 0, \\ 1 & 0 \leqslant x < \pi. \end{cases}$ 将 $f(x)$ 展开成傅里叶级数,并作出级数的和函数的图形.

6. 将函数 $f(x) = 10-x(5 \leqslant x \leqslant 15)$ 展开成周期为 10 的正弦级数.

本章示例代码

# 参考文献

[1] 同济大学数学科学学院. 高等数学 [M]. 北京：高等教育出版社，2023.

[2] 魏贵民，等. 微积分 [M]. 北京：高等教育出版社，2004.

[3] 华东师范大学数学科学学院. 数学分析 [M]. 北京：高等教育出版社，2019.

[4] 李忠范，孙毅，高文森. 高等数学 [M]. 北京：北京大学出版社，2009.

[5] 朱健民，李建平. 高等数学 [M]. 北京：高等教育出版社，2022.

[6] 天津大学数学系. 高等数学 [M]. 北京：高等教育出版社，2010.

[7] 四川大学数学学院高等数学教研室. 高等数学 [M]. 北京：高等教育出版社，2020.

[8] 吴赣昌. 微积分 [M]. 北京：人民大学出版社，2017.

[9] 赵树嫄. 微积分 [M]. 北京：人民大学出版社，2021.

[10] 吕云翔，王志鹏. Python 数据分析与可视化案例实战 [M]. 北京：清华大学出版社，2023.

[11] 罗伯特·约翰逊. Python 科学计算和数据科学应用 [M]. 2 版. 黄强，译. 北京：清华大学出版社，2020.

[12] 保罗·奥兰德. 程序员数学：用 Python 学透线性代数和微积分 [M]. 百度 KFive，译. 北京：人民邮电出版社，2021.

[13] 阿米特·萨哈. Python 数学编程 [M]. 许杨毅，刘旭华，译. 北京：人民邮电出版社，2020.

[14] 司守奎，孙玺菁. Python 数学实验与建模 [M]. 北京：科学出版社，2020.

[15] 郭科. 数学实验：高等数学分册 [M]. 北京：高等教育出版社，2009.

[16] 刘顺祥. 从零开始学 Python 数据分析与挖掘 [M]. 北京：清华大学出版社，2018.

[17] 刘卫国. Python 语言程序设计 [M]. 北京：电子工业出版社，2016.

[18] 许建强，李俊玲. 数学建模及其应用 [M]，上海：上海交通大学出版社，2018.

[19] 刘法贵. 数学实践与建模 [M]. 北京：科学出版社，2018.

[20] 韩中庚. 数学建模实用教程 [M]. 北京：高等教育出版社，2013.

[21] 姜启源，谢金星，叶俊. 数学模型 [M]. 5 版. 北京：高等教育出版社，2018.

[22] 戴明强，宋业新. 数学模型及其应用 [M]. 2 版. 北京：科学出版社，2015.

[23] 彭放，杨瑞琰，罗文强，等. 数学建模方法 [M]. 2 版. 北京：科学出版社，2012.